繁中唯一譯本

# THE ART OF MONEY GETTING

OR GOLDEN RULES FOR MAKING MONEY

# 財富之王

## 大娛樂家 P.T. 巴納姆的 人生增值術

有錢人做對了什麼？
從工作、投資到人生的 20 個致富守則

P. T. BARNUM

P.T.巴納姆——著 威治——譯

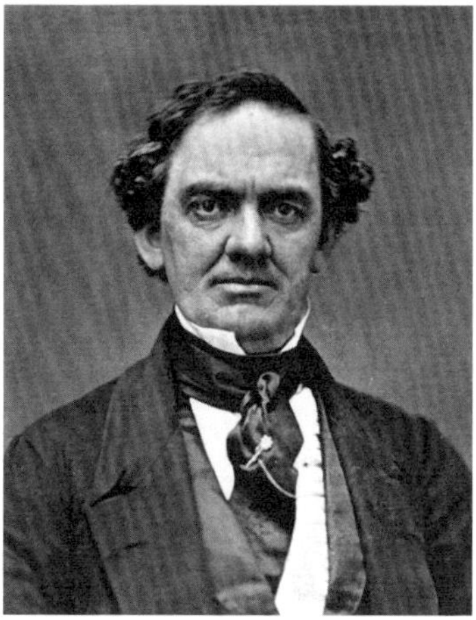

「帶給別人快樂，是最高貴的藝術。」

## 你不知道的大娛樂家

- 他一生賣出的門票超過**八千兩百萬張**，平均一個美國人看過他三場表演
- 他的個人傳記是北美史上最暢銷的書之一，銷量僅次於《新約聖經》
- 心理學知名的「**巴納姆效應**」（巴南效應）就是為了紀念他而命名
- 他外號「廣告界的莎士比亞」，擁有史上第一支企業化的私人資訊團隊

電影《大娛樂家》於二〇一七年上映，改編自費尼爾司・泰勒・巴納姆（Phineas Taylor Barnum）的人生故事。這一部耗資巨大的歌舞戲劇電影由休・傑克曼主演，不但陣容引人注目，畫面絢麗多彩，更與知名作曲家們一起打造出動人的歌謠。

我們看見了一個出身貧苦卻充滿抱負的年輕人——巴納姆站上屋頂，在〈一百萬個夢想〉（*A Million Dreams*）優美的旋律中對愛人述說自己的創業願景。

「夢想」是《大娛樂家》的重要概念。

休・傑克曼說：「形容『巴納姆引領現代美國』一點都不誇張。尤其是他這個概念——唯一能決定你成功的，就是你的天賦、想像力與努力工作的能力……巴納姆知道如何從無到有，知道如何把檸檬變成檸檬汁，我一直很喜歡他這種特性。他走自己的路，把任何挫折都轉變成正面積極。」確實，巴納姆本人曾說：「要成為有影響力的人，不能只安於與別人相同。」

不過，這部電影也暗示了巴納姆的另一面。

就目前所知，巴納姆不會唱歌跳舞，但他確實是一個商業天才。巴納姆是將騙術拉上台面、企業化經營的第一人。當然，他的一些「創舉」或許不符合現代的商業標準。讓我們來了解最真實的巴納姆。

# CONTENTS
# 目錄

# 財富之王

附錄

CIRCUS
ALLENTOWN THURSDAY
MAY 4
BARNUM AND BAILEY
GREATEST SHOW ON EARTH
J.A.BAILEY
400 WORLD FAMED ARTISTS ALL FROM ABROAD
THE WORLD ITS FIELD
Its Triumphs Reach Beyond the Seas
Capital Invested, $3,500,000
1280 PERSONS — 700 HORSES
100 Cages and Dens of Wild Animals
40 ELEPHANTS
85 DOUBLE LENGTH RAILROAD CARS
100 ACTS, FEATURES AND EUROPEAN SENSATIONS
CHARLEY I. THE MANLIKE BICYCLE RIDING CHIMPANZEE
The Wonderful Winston Bareback Riding Seals
SEE THE PONIES ON THE REVOLVING TABLES
60 Aerialists and the Siegrist-Silbons
60 Acrobats and the Bento Brothers
60 Riders, the Greatest in the World
50 Clowns, the World's Funny Men
A Whole Family of Giraffes
THE 6 KONYOTS
THE MUSICAL HORSES
THE MOST COMPLETE MENAGERIE & ZOOLOGICAL COLLECTION IN THE WORLD
THE MAN-LIKE APE CHARLEY THE FIRST
JUPITER THE BALLOON HORSE
This Horse Ascends
Fearless Rider
AT TEN O'CLOCK EVERY MORNING
Big New, Free Street Parade
ONE 50 CENT TICKET ADMITS TO ALL
CHILDREN UNDER 10 YEARS, HALF PRICE
Reserved Seats and Admissions on Sale Show Day at
AMERICAN MEDICINE
At Exactly Same Prices Charged at Regular Ticket

# 北美傳奇富豪：
# 巴納姆小傳

現代企業家的原型人物

# 人生就是一場秀

巴納姆是一個具有多重身分的奇人。《企業家雜誌》（*Entrepreneur*）形容他是當代最偉大的企業家，名氣甚至「大過比爾·蓋茲、賈伯斯、馬斯克三人相加」，他同時也是作家、出版商、慈善家以及政治家，但他不朽名聲的主要來源是娛樂產業，正如他自己所言：「就專業而言，我是個表演者……其他加諸在我身上的頭銜都不能代表我本人。」

巴納姆建立了當時史上最大、最成功的娛樂帝國，業務包括馬戲團、博物館、音樂會、怪誕秀、動物雜耍……他首創各種大型活動，包括水族館、選美與嬰兒比賽。他打造出史上前幾位國際巨星，激發一波又一波的全國狂熱，甚至因此獲邀謁見林肯總統與維多利亞女王。此前，美國上流社會一度將這類活動視為「邪惡根源」，但他扭轉了舊觀念，使之變得現代化。

他一生將「娛樂產業」的概念推展到極致，也讓他手上的一切在美國（甚至全世界）成為最受歡迎的巨大奇觀。

## 廣告界的莎士比亞

「最能吸引人潮的，莫過於人潮。」

——巴納姆

巴納姆是籌畫大型活動的先驅，也是市場行銷天才之一。他一生賣出的門票超過八千兩百萬張，以當時人口計算，平均一個美國人看過他三場表演。許多名人都是他的貴賓，例如狄更斯、馬克．吐溫、維多利亞女王、以及當時是威爾斯親王銜的愛德華七世。

他最成功的祕密在於他的廣告策略，這讓他在當時獲得「廣告界莎士比亞」的稱號，也成為現代無數商學院的研究對象。

巴納姆說要讓自己的博物館「成為奇特的話題」，因此印製出無數誇張、巨大的彩色海報，有些甚至遮蓋了幾乎整座博物館的外牆。他最有名的創新之一，就是堅持「廣告要比人早到」，因此組建了一支私人的插畫家與記者團隊，以當時領先世界的方式掌握資訊。

奇特的是，巴納姆曾經發起多場詐騙展覽，但觀眾卻不因為造假而離開他。他曾說「不要在沒有給觀眾回報的狀況下欺騙他們」。他甚至會在一些極度成功的計畫中，匿名或公開在報上發表文章，質疑自己展覽品的真實性，結果反而吸引更多人想一探究竟。

## 娛樂帝國的序幕：一場詐騙

巴納姆是個天生的商人，一八一〇年出生於康乃狄克州，十二歲時就靠賣零食的錢來養家畜。他在成長過程中做過各種工作，包括賣雜貨、書本拍賣、馬戲團票務、房地產投機交易，還做過一個遍及全州的彩票網路。一八二九年，十九歲的巴納姆與二十一歲的夏麗蒂（Charity Hallett）結婚，同年創立了《自由先驅報》（*Herald of Freedom*）。他因為社論被逮捕過三次，也讓他知道了資訊的重要。

一八三五年，二十五歲的巴納姆搬到紐約，史上最大的娛樂帝國終於揭開序幕。

他發現了一名叫做喬伊斯．赫斯（Joice Heth）的女性奴隸，並在這一個雙眼失明、幾乎完全癱瘓的老女人身上看見商機。由於買賣人口在紐約不合法，他設法找出法律漏洞，成功「租用」赫斯並進行展出。

巴納姆對觀眾宣稱「赫斯出生於一六七四年，已經活到一百六十一歲，還曾經是華盛頓的保母」。她的眼眶很小、皺紋遍布、沒有牙齒，指甲尖而蜷曲，有利於說服觀眾。巴納姆甚至訓練她唱讚美詩、講述關於「小華盛頓」的故事。結果，這次展出佔據了各大報的新聞版面，讓巴納姆每週賺進

▼ 巴納姆一八三五年的廣告

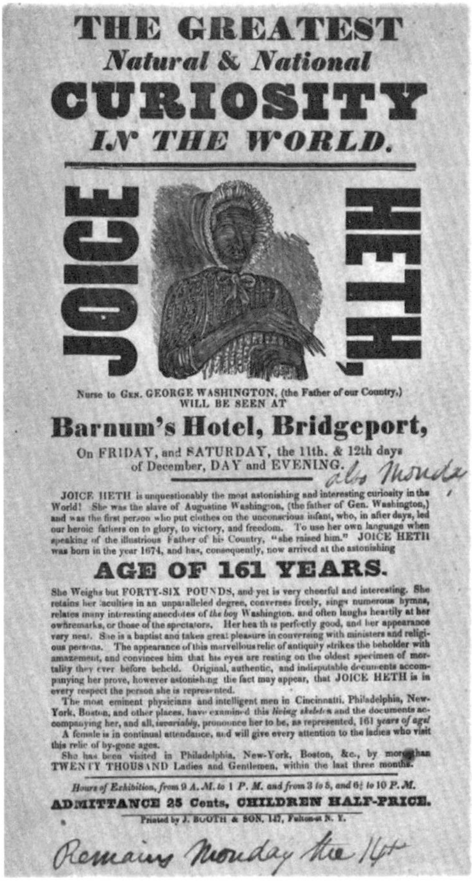


「喬伊斯・赫斯絕對是世界上最驚奇、最有意思的人。她是華盛頓將軍之父的奴隸，是第一位給小華盛頓套上衣服的人，更帶領我們英勇的先輩們走向榮耀、勝利與自由。」

一千五百美元（今日約四萬五千美元）。

赫斯在一八三六年去世時，巴納姆想出了另一個絕妙的行銷手法，又趁機撈了一筆。他自己放出風聲，說其實赫斯沒這麼老。於是他在多方懷疑之下，找來外科醫生對她進行公開屍檢，並收取一人五十美分的入場費，吸引了一千五百名觀眾到場。不過，外科醫生與巴納姆後來都承認了這場騙局，而這一次「扒兩層皮」的展出確實讓他成為了話題人物。

## 百老匯之星：販賣滿足的博物館

巴納姆娛樂事業的頂峰，是從他經營博物館開始。他在一八四一年利用巧計擊敗更有錢的競爭者，以不到估值一半的價格買下了位在曼哈頓百老匯一間老舊的公益博物館。

他把博物館改名為「巴納姆美國博物館」（Barnum's American Museum），並將建築翻新，給這座五層建築加上燈火通明的廣告牆，在四周掛上飄揚的旗幟，吸引了所有百老匯的目光。博物館頂樓是一座花園，來賓還可以搭熱氣球一覽城市風景。

巴納姆承認，他在創業之初的動機是「對財富與名聲的渴望」，但他動機的本質或許不那麼自私。他曾寫道：「這是一個商業的世界，男人、女人與孩子不只是活在地球上，還需要一些東西來讓他們快樂，讓他們滿足閒暇——實際上，是造物主創造了滿足這一需求的產業。」

美國博物館在一八四二年一月一日正式開張，隨後轟動全美，成為最熱

▲ 一八五八年的巴納姆美國博物館

門的景點之一。該館在二十六年間，創下三千八百萬人次的驚人紀錄（當時美國總人口約三千兩百萬）。

巴納姆將此處變成一個匯聚人類好奇心的嘉年華，通過驚人的特技表演、不斷的廣告和誇張的宣傳，成功吸引了國際關注。他蒐羅世界上的各種奇珍異寶，無論是真是假。一八六五年，一場大火燒毀了巴納姆美國博物館，他立刻另起爐灶，但新博物館也在三年後燒毀了，於是，他打算就此退出娛樂事業。

## 世界三大馬戲團之始

馬戲團大亨形象深植人心的巴納姆，其實六十一歲才進入這個行業。一八七一年，威廉・庫普（William Coup）與丹・卡斯特羅（Dan Castello）說服巴納姆再次復出。他於是把名號、專業知識與資金借給兩人在威斯康辛州創設的馬戲團，並開始參與馬戲團演出。巴納姆形容這兩人「有一個真正厲害的表演，結合博物館、動物園、雜耍、音樂劇與馬戲團的所有元素」。

在這個新行業中，巴納姆積極尋求專業人士的幫助，也相當依賴合夥人的建議。他在貝利與其他年輕顧問的建議下，成為最早用火車進行巡迴演出

▼ 馬戲團的搖錢樹：金寶（Jumbo）

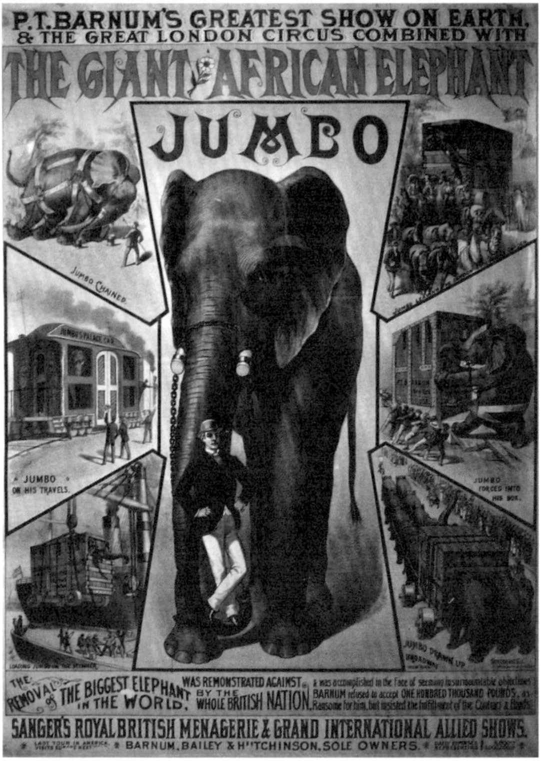


巴納姆在一八八二年開價一萬美元，向倫敦動物園要求收購金寶，掀起了全英國的反對聲浪，有超過十萬名學生寫信給維多莉亞女王反對此樁交易。

金寶讓巴納姆在三個月內回本，還額外帶來巨大利潤。不過由於涉及虐待動物，巴納姆因此招致批評；金寶的故事後來成為動畫《小飛象》的原型。

的業界首例，也是第一個自己擁有火車的馬戲團老闆。這個明智的決定，極大地擴展了巴納姆娛樂帝國的地理範圍。

一八八一年，巴納姆併購了最強大的對手「庫柏與貝利馬戲團」（Cooper and Bailey Circus），真正獨佔全美的娛樂產業。

## 人類好奇心的作手

許多人認為巴納姆的「畸形秀」悖德且不入流，但巴納姆自稱是人權的擁護者，他認為自己提拔了身體異常的人，而且給予高薪。他組建了一支明星團隊，包括拇指將軍湯姆、蓄鬍女、暹羅雙胞胎等，實際上大大改變了人

▲ 巴納姆美國博物館的「奇異生物」

們對怪誕秀的印象與觀念，甚至驅散了社會對於這些奇人異士的偏見。

以其中一個最賺錢的展品為例，巴納姆想辦法讓「拇指將軍湯姆」查爾斯・史達通（Charles Stratton）建立表演家的形象，他為史達通安排了許多大型戲劇的演出，最後，公眾與媒體不再將史達通看作怪胎，而是看作專業藝人。

## 成功案例一：拇指將軍湯姆

一八四一年，巴納姆聽聞了史達通的故事之後，與他的父母聯繫，隨後訓練這個四歲的侏儒男孩才藝，如唱歌、跳舞，以及模仿名人。

隔年，巴納姆替身高六十六公分的史達通取了藝名「拇指將軍湯姆」，並在美國進行第一次巡迴演出。這次處女秀非常成功，史達通能歌擅舞、說話逗趣，模仿大力神、丘比特、拿破崙等人物也是維妙維肖，於是聲名大噪。史達通成為巴納姆最賺錢的展示品，替他多賣出兩千萬張門票。

隔年，巴納姆帶領他前往歐洲。在巡演過程中，史達通兩度謁見維多利亞女王，也見了才三歲的愛德華七世。而法國巡演也同樣成功，無論走到哪，史達通總是被無數觀眾圍繞。經過三年的歐洲之旅後，紅透半邊天的他終於回到美國。當時他擁有的世界級知名度，同年代的演員無人能比。

史達通二十五歲時結婚，對象是巴納姆旗下的「美麗女王」維尼亞·沃倫（Lavinia Warren），而他們的婚禮經過巴納姆的精心策畫，成為美國第一次商業化的名人婚禮。

當時是美國內戰最激烈的時期，所有美國人或許都渴望能分散注意力的歡樂時刻——巴納姆嗅到商機，於是利用他的行銷天才做婚禮的安排、宣

▲ 巴納姆與史達通

傳。他將消息發送給紐約的報紙媒體，宣佈自己會為這一場盛大的婚禮買單。接著他在他的美國博物館裡向大批觀眾展示這一對迷你佳人，賣出了數以萬計的門票。

據說，巴納姆由於希望兩人在博物館繼續演出，所以提議付一萬五千美元，將婚禮推遲一個月，但他們拒絕了。史達通很生氣，回答「給我五萬美元都不行」——不過這段插曲的真實性未知，畢竟巴納姆時常捏造事實。

後來，巴納姆將婚禮地點選在著名的紐約格雷斯聖公會教堂，因此受到許多保守人士的猛烈攻擊。

而大多數紐約人沒有這麼生氣。婚禮當天，教堂外面人山人海，觀眾擠滿百老匯大街，被一長列警察圍住。教堂長凳上坐滿了兩千位受邀賓客，包括政府官員、企業家與軍隊代表。

▲ 給失落的美國帶來歡笑的「童話婚禮」

當這一對矮小的新人邁著大步走過紅毯時，所有人都拼命想一睹風采。受歡迎的程度正如《紐約時報》的報導：「許多人都起身站在座位上，還有更多人站在座位上的凳子上——然後，一股無法壓抑的歡樂笑聲傳遍了整座教堂。」巴納姆又再一次成功預測觀眾的胃口，後來，這對新人受邀至白宮謁見林肯總統夫婦。

## 成功案例二：打造國際巨星

在歐洲巡演時，巴納姆就注意到珍妮・林德（Jenny Lind）這位歌劇演員。她曾在斯德哥爾摩、哥本哈根、倫敦等重要都市巡迴，且受到維多莉亞女王賞識，是歐洲的超級名人。

巴納姆此前從沒聽說過她的名號，也承認自己不懂音樂，卻大膽地想把

▲ 珍妮・林德：十九世紀最受尊崇的歌劇演員之一

她找來美國巡演。巴納姆開出每晚一千美金（今日約三萬美金）的天價，雙方在一八五〇年達成協議。由於必須提前付款，巴納姆開始四處籌資，甚至說服費城的大臣投資，理由是「這將會對美國人有良好的道德影響」。

當時美國沒有半個人聽說過林德——巴納姆冒著極大風險，想出了「瑞典夜鶯」的稱號，發動他有生以來最大規模的宣傳攻勢。

林德還沒到美國就已經是名人了。她九月抵達時，有超過四萬個粉絲到港口迎接，而她暫住的飯店也被兩萬人圍得水洩不通，甚至還可以買到「珍妮・林德用過的物品」。一八五〇年九月十一日，林德在紐約的首演獲得五千位觀眾熱烈回響，使巴納姆的投資翻了四倍。後來，由於音樂會的門票需求太高，巴納姆更是只透過拍賣會來出售，催生出更狂熱的買氣。

▲「瑞典夜鶯」巡演海報

整個巡演過程中，巴納姆總是讓宣傳早一步到達各地，每一次都成功激起話題。為此，他至少找來了二十六個記者。不過到了一八五一年初，林德漸漸無法忍受這種無止境的宣傳活動，於是和平地結束與巴納姆的合作，後來自己繼續在美國巡演一年。

「瑞典夜鶯」讓巴納姆淨賺超過五十萬美元（今日約一千六百萬美元）。

## 私人生活

他的業餘愛好是政治和寫作。一八六五年，巴納姆以共和黨員身分在康乃狄格州議會任職了兩屆，之後當選布里奇波特市（Bridgeport）的市長，致力改善市政，並創設醫院。他反對賣淫、酗酒，也反對種族歧視。

《美國憲法第十三修正案》通過時，巴納姆在議會上發言：「上帝創造了人的靈魂，基督為他而死，而那個靈魂不容忽視。它可以進入中國人、土耳其人、阿拉伯人或霍屯督人的身體——但它仍然是一個不朽的靈魂。」

一八五五年，他出版了自傳《巴納姆的一生》（*The Life of P.T. Barnum*），並在書中坦率地揭露了自己以前的欺詐手段。他受到批評的刺激，於是推出許多修訂版，據稱，所有版本一共賣出超過一百萬冊。一八八四年，巴納姆對宣傳的渴望已經超過對利潤的渴望，於是放棄自傳的版權，允許任何人自行印刷、銷售。

巴納姆的家庭生活並不美滿，一個女兒年幼夭折，另一個則因為通姦被他從遺囑中除名。巴納姆失望地把巨額遺產留給了一個孫子，條件是要改姓巴納姆。結婚四十四年之後，夏麗蒂去世了。隔年，六十四歲的巴納姆娶了一個英國粉絲的女兒——二十四歲的南希（Nancy Fish）做第二任妻子。

巴納姆在八十一歲那年生了重病，他要求將自己的訃聞提前發布（或許為了炒熱話題）。訃聞在紐約一家報紙上刊登了兩週。巴納姆在詢問了馬戲團的票房後，於康乃狄格州的豪宅中去世。

英國《泰晤士報》的最後致敬，也呼應了許多國際媒體的評價：

「巴納姆創造了偉大的表演藝術……他很早就體認到現代民主的本質——民主願意選擇能娛樂、指引自己的事物……他的名字已經成為格言，在未來也是如此。」

BRIDGEPORT · CONNECTICUT · CENTENNIAL
P. T. BARNUM
1836-1936

# 財富之王

從工作、投資到人生的 20 個致富守則

# 本書概述

《財富之王》於一八八〇年首次出版，至今銷量逾百萬本，是美國經典的理財書。巴納姆的寫作風格或許已經過時，但他對於「致富與成功」的生活哲學卻歷久彌新，與現代人有非常緊密的關聯。

他認為成功是一種機會均等的冒險，而人只有經過「付出努力」才最能體認金錢的價值，也最能享受成果。他說，每個人都有致富的潛力，方法就是不懈的堅持與學習。

《財富之王》談的並非具體的致富方法，而是聚焦在個人的生活態度與理財意識。正如他所言，「這一切說起來簡單，卻沒聽說有多少人能貫徹」。

# 序章
# 賺錢的藝術

「人生重要的不是所站的位置，而是所朝的方向。」
——P.T. 巴納姆

在美國，這裡的土地比人還多，一個人如果好手好腳，想要賺到錢並不是困難的事。在這個相對而言較新的土地上，有許多條康莊大道正開放著，大部分職業都還不是僧多粥少的狀態，因此無論性別，只要付出努力就可以得到回報——至少目前是如此。只要你做的是像樣的職業，都可以找到有利可圖的機會。

真正渴望達成獨立自主的人，只要設定好目標、使用正當手段，再去全心投入那些他們期盼完成的事情，就能輕鬆實現。但無論大家發現賺錢有多簡單，「把錢留住」才是世界上最困難的事情，我敢保證我的讀者一定會同意我的說法。正如富蘭克林的中肯描述，通往財富之路「就如前往穀倉之路一般平坦好走」。

說起來，那不過就是**花的比賺的少**。這聽起來似乎輕而易舉。狄更斯筆下快樂無比的那些人物之一——《塊肉餘生記》（*David Copperfield*）裡的米考伯先生，對此就做了十分生動的比喻，他說，當你每年收入二十英鎊，卻花費二十英鎊又六便士時，就會成為最悲慘的人，反之，你雖然收入一樣是二十英鎊，一年卻只花了十九英鎊又六便士，這時你就成了最快樂的凡人。

許多讀者可能會說：「我們早就懂了，這就是節流，我們也知道節流代表財富。我們知道無法把蛋糕吃掉，卻又同時把它留下。」但很抱歉，我必須說大多數失敗案例或許正是肇因於此，沒有別的原因。事實上，很多人以為自己知道「節流」為何，其實卻不真正了解。

真正的節流被誤解了，而人們終其一生都未能充分理解節流的原則。

有人說：「我的收入如此之多，而我的鄰居收入跟我一樣多，可是，他的財富年復一年都比我多一截，我就是落後他。為何會這樣？我很清楚要節流啊。」他覺得他有，但他沒有。很多人認為節流就是把起司碎屑或是蠟燭頭省起來用，或把洗衣婦的帳單多砍兩便士，做盡各種微小、卑劣、骯髒的勾當。節流並不是吝嗇。

不幸之處在於，那種階級的人只知道一種節流方式。他們幻想自己在應該花兩便士的時候，非常節流地省下了半便士，於是他們就認為自己能負擔得起其他揮霍。

幾年前，在人類發現或想到煤油之前，如果一個人到農業區中任何一戶農家過夜，會被招待一頓很棒的晚餐。不過在用完晚餐之後，他如果想在客聽閱讀，就會發現一根蠟燭的光源根本不足夠。女主人見他一臉為難，會告訴他：「這裡晚上沒辦法看書的，有句俗話說『如果你一次想要點兩根蠟燭，你得在海上擁有一艘船才可以』，除非在特殊的場合，不然我們不能點額外的蠟燭了。」

所謂特殊的場合，或許兩年一次吧。在這段時間，這一位親切的女主人靠著這種方式存下了五、六元，甚至可能存到十元，然而，因為擁有額外光源而能取得的資訊，其**重要性**可能遠高於成噸的蠟燭。

麻煩不僅於此。這位女主人覺得自己在脂製蠟燭上非常節流，於是認為自己可以頻繁進村，花上二十或三十美元購買緞帶與裙飾——其中有許多根本就不是必要之物。

這種錯誤的節流，可能更常見於商業人士，最好的例子就發生在信紙上。

你會發現那些優秀的生意人，把所有舊信封和廢紙都留下，如果可以的話，他們打死都不願意弄壞一張新的紙。這一切非常棒！他們或許能用這種方法一年省下五到十元，但做到那般節流（只限於便條紙），他們卻認為自己能負擔時間上的浪費——舉辦奢華派對、自己駕駛馬車。這正是富蘭克林名言的例證：「拴緊了栓頭，卻不管漏洞」、「省小錢花大錢」。談到這種只有「一個想法」的人，他們簡直是「花了一分錢買鯡魚給家人當晚餐，結果雇了車夫、四匹馬的馬車把東西帶回去」的人。靠著上述這種節流法而成功的人，我到現在還沒聽說過一個。

真正的節流，永遠在於讓收入**大於**支出。如有必要，舊衣服再穿久一點、不換新手套、縫補舊洋裝，再不得已就吃粗食。這樣一來，除非發生某些真的無法預期的意外，你的收入無論如何都還會有一些餘裕。這裡一分錢、那裡一塊錢，放著生利息，繼續累積，就能達成你渴望的結果。想實踐這種節流法，或許要經過一些訓練，不過一旦我們習慣這種作法，就會發現理性節流比不理性花費更令人滿意。我推薦以下作法，這個舉動可以有效治療揮霍奢侈的症狀，尤其能改變對節流的偏見：當你發現年底沒有盈餘，但自己收入還不錯時，我建議你拿幾張紙弄成一冊，開始記下每一項支出。把每天或每週支出分成兩欄，一欄寫上「必需品」甚或是「舒適用品」，另一欄則寫上「奢侈品」。這樣做之後，你會發現後面這個欄目比前一欄多上兩倍、三倍，更常是十倍。

要讓生活舒適是得花點錢，但只會占大多數人能掙得的一小部分。富蘭克林說：「毀滅我們的，並非我們自己的雙眼，而是他人的雙眼。如果除了我之外，全世界所有人都是盲人，我應該就不會在乎華麗的服飾或裝潢了。」令人恐懼的是，有一些喜歡找麻煩的小姐可能會說，這讓許多有名的望族長久以來努力不懈。在美國，很多人嘴上都喜歡重複這句「人人自由且平等」，但這句話在更多其他意義上簡直大錯特錯。

◆

我們生來「自由且平等」，在某一個層面是輝煌的真理，但我們並不會人人生來都同樣有錢，絕對不可能。這時有人可能會說：「我有個朋友年收入五萬美元，而我只有一千美元。我在那位仁兄跟我一樣窮的時候就認識他了，現在他有了錢，覺得他自己比我好。我要讓他見識到我跟他一樣好。我要去買一隻馬和一輛馬車。不，我的錢不夠，但我會去雇一輛，然後就在今天下午，我要跟他駛在同一條路上，這樣我就能向他證明我跟他一樣好。」

我的朋友，你用不著這麼麻煩。你想證明自己「跟他一樣好」有更簡單的方式。你只是跟他做一樣的事，卻無法讓任何人相信你跟他一樣有錢。而且如果你真的弄來這些「行頭」，浪費掉時間和金錢，那麼，你那可憐的妻子在家裡還不得不先把手指搓乾淨，再為自己買上兩盎司的茶，加上準備其他能讓你看起來「體面」的所有東西——結果最後根本沒人被你騙到。另一方面，住附近的史密斯太太可能會告訴你，她隔壁鄰居是為了錢才嫁給強森的，而且「大家都這樣說」。那個鄰居有漂亮的駝絨披肩，一條要價一千美元，而這會讓史密斯先生也為他老婆弄來一條很像的。然後史密斯太太上教堂時，還會跑去跟那個鄰居坐在同一張長凳上，只為了證明她們兩人能平起平坐。

我的好女士，如果妳是在浮華與嫉妒上取得領先，那妳就不會在現實世界贏過別人。在這個我們相信應當以多數人意見為依歸的民主國家，我們卻在「時尚」方面忽略了這個原則，讓少數人稱自己為上流社會，運行著一套**虛幻**的完美標準，此外，我們還努力讓自己提升到那個標準，不斷讓自己留在貧窮狀態。我們每一個人為了外在，永遠都在賣命。相較之下這樣聰明多了——當一個「不讓自己被制限」的人，大聲說「我們要用收入來調節自己的支出，然後未雨綢繆，替未來做好準備」。人在面對任何事情時，應該都要像是賺錢一樣明智。種什麼因，得什麼果。你一旦走上通往貧困的道路，你絕對無法累積財富。就算先知沒有預言，我們看得出來，那些完全按照自己方式過活、也從來不做任何反思的人，永遠無法實現**經濟獨立**。

有些男男女女習慣滿足自己每一刻的衝動與任性，一開始他們會發現，要縮減自己各種不必要的開支非常困難，接著，內心會感到強烈的自我否定，因為他們現在住的房子比以前住慣的房子要小，而且家俱比較便宜，來訪的友人變少，穿沒那麼貴的衣服，僕人變少，開舞會跟派對的次數變少，比較少進戲院。不能租馬車，歡樂出遊減少，雪茄跟酒類以及其他奢侈品都變少了。不過到頭來，如果他們肯嘗試「把雞蛋放在不同籃子」的計畫，意思就是把儲蓄的一小部分拿去放著生利息，或拿去聰明地投資土地，那他們一定會驚訝於那些「籃子」裡持續增加的愉悅果實，以及在此過程養成的種種節流習慣。

舊服裝、舊帽子與舊洋裝，在其他季節也能用上。紐約巴豆河（Croton）河水或山泉水的味道美過香檳。冷水澡或令人心曠神怡的散步，其實比搭乘華美馬車更令人開心。全家人傍晚一起讀書，談天說地，或是玩一整個小時「找拖鞋」和「捉迷藏」，都遠遠比花五十、或五百元辦的派對有趣。當那些人開始意識到儲蓄的樂趣之後，就會沉迷於各種上述狀況的成本差異所反映出的成果。

數以千計的人現在依舊貧窮，而有數以萬計的人在得到足夠資源來面對生活之後，由於制定生活計畫的前提太過寬鬆，所以依舊貧窮。有些家庭一年的花費為兩萬美元，有些家庭則更多，幾乎不知道如何用更少的錢過活，在此同時，卻有些家庭只需要花那個數字的二十分之一，卻得到更實質的喜悅。「富有」是個比逆境更嚴苛的考驗，尤其是**突如其來**的富有。「來得快，去得也快」，這一句俗諺流傳已久，卻無比真實。當自豪、虛榮的心靈受到默許而為所欲為，就會變成不死的害蟲，一點一滴侵蝕被害者實際持有的財產——不管這些財產是大還是小，是數百元還是數百萬元。許多人才剛開始發家致富，馬上就想開闊自己的眼界，於是四處尋找奢侈品，他們的支出沒過多久就會吞掉收入，然後把自己給毀了，原因就在於那些想要維持體面、想要驚世駭俗的荒謬動機。

我認識一位幸運的紳士，他說自己剛發財時，他的妻子想買一張精美的新沙發。他說：「那張沙發，花了我三萬美元！」沙發才剛送到家裡，他們馬上發現必須買些椅子來配。接著是「與之相稱」的邊桌、地毯和桌子，以此類推把所有傢俱換了一輪。最後他們發現，房子本身對這些傢俱來說太小也太過時，於是另外蓋了一間新房來匹配這些新購入的物品。

「所以啊，」我的朋友補充道，「那張沙發一共是花了我三萬元，另外要負擔的還有僕人、裝備，以及維持如此精美『編制』的必要費用，我每年要付一萬一千元，非常緊繃。不過我們十年前的生活比現在倒是舒適不少，因為沒有這麼多東西好管，幾百元就能打發。」他繼續說：「事實就是，這一張沙發會讓我破產，無法避免，因為我並沒有無限量的財富可以讓自己能支應，而且我也沒有注意到自己想『大出風頭』的這種本能偏好。」

◆

健康是一生成功的**基礎**，這是財富的根基，也是幸福的基本要素。一個人若有病痛，就無法順利累積財富。他沒有野心、沒有動機，也不會有力量。確實有些人沒辦法，身體就是不好，你別以為這種人可以累積財富。然而，其實很多健康狀況不佳的人根本用不著落到這步田地。

假如身體健康是成功與幸福的基礎，那麼研究「健康法則」對我們來說何其重要，這好比自然法則的另一種表現方式！我們越是遵守自然法則，就越是能保持良好健康，很多人完全不在乎自然法則，斷然違背此道，甚至與自身的自然傾向背道而馳。我們應該要知道，對於違背自然法則的人，「無知之罪」並不會睜一隻眼閉一隻眼。違反者必將受到懲罰。一個小孩也許不懂燒傷這回事，所以他把手指伸入火中，結果因此受苦、後悔。然而，燒傷的劇痛也不會因此就停止。我們的先祖對於通風的原理所知甚少。他們可能比較懂「酒氣」，但他們對氧氣不是很了解。所以他們蓋房子時，會在房子裡頭隔出幾間七乘九英尺（約兩坪）的小臥室，然後，這些善良虔誠的老清教徒會把自己鎖在其中一間，做完祈禱之後上床睡覺。到了早上，他們會虔誠地感謝一整個晚上「他們性命都受到保護」，沒有人比他們更有理由這樣感謝了。很可能只是窗戶或門上有個大裂縫，讓房間流入一點新鮮空氣，從而拯救他們的性命。

為了追求時尚，許多人也故意褻瀆自然規律，對抗自身更強烈的衝動。

舉例來說，有一種行為除了可恥的寄生蟲之外，沒有任何生靈天生就愛——那就是嚼菸草。然而，有多少人刻意練習這項不自然的偏好，還克服了對於菸草的本能厭惡，以至於最後愛不釋手。他們手上握有這種有毒的、骯髒的草兒，甚至可說是緊抓不放。有些已婚男士會把菸草汁吐在地毯和地板，而且有時甚至吐在自已的妻子身上。他們不會像醉漢一樣把妻子踢出家門，但我毫不懷疑，他們的妻子應該常常希望自己不在家。另外一個危險之處，就是這種人造的慾望「以自身所依賴的東西而增長」，與嫉妒如出一轍，當你愛上這種不自然的事物時，就會對這有種害之物創造出更強的慾望，而不是無害的自然偏好。

有一句古老的諺語是這樣說的，「習慣是人的第二天性」，不過人為的**習慣**比本能更強。拿某個老菸槍來舉例，他對「那塊菸草」的愛，會比他對任何食物的愛都更加強烈。比起放棄菸葉，他能夠輕易放棄烤牛肉。

年輕小伙子很失望，因為自己還不是個成年人；他們想一夜之間就從男孩登大人。而為了達成這個目標，他們模仿前輩們的壞習慣。小湯米與小約翰看過他們的父親或叔叔抽菸斗，然後他們兩個說：「那樣做的話，我也可以變成一個男人。約翰叔叔出去了，他的菸斗留在那兒，我們來試試看吧。」他們拿了一根火柴把菸草點著，然後吸了一陣。「我們要學會抽菸。小約翰，你喜歡嗎？」那個男孩憂鬱地回答：「不太喜歡，它味道好苦。」他抽著抽著，臉色漸漸蒼白卻仍然堅持不懈，他很快就在時尚的祭壇上獻祭了。但男孩們還是撐著繼續抽下去，持之以恆到他們征服了本能偏好，成為這種後天嗜好的受害者。

我的說法會這樣「照本宣科」，是因為我注意到這些事情對我自己的影響。我曾經每一天要抽十或十五根雪茄——即便之後我十四年來再也沒有抽過菸草，將來也不會再抽。一個人抽越多菸，就會越渴望抽菸。所抽的最後一根雪茄只不過是激發了對**另一根**雪茄的渴望，依此類推。

就拿嚼菸草的人來說吧。一大清早，他起床之後就丟一塊草到嘴裡，然後整天嚼個不停。除非要換另一塊新鮮的草，或是除非他要進食，否則他絕對不會把草吐出來。對！沒錯，在每天早晚間的空檔，很多嚼客會把那塊草吐出來拿在手上，直到喝完了一杯再把它塞回嘴裡。這也順便證明，人對萊姆酒的慾望甚至比菸草更強烈。

嚼菸草的那些人如果來到你的莊園，然後你向他展示你的葡萄園、果園以及你美麗的花園，接著拿給他一些新鮮的成熟水果，告訴他：「我的朋友，我這裡有最美味的蘋果、梨子、水蜜桃和杏桃。這些水果是從西班牙、法國和義大利進口的——看看這些甜美的葡萄。再也沒有比新鮮水果更美味健康的東西了，所以，請自便吧，願能這些東西能讓你喜歡。」他會把他那塊珍愛的菸葉捲到舌頭下面再回答你：「不了，謝謝，我嘴裡還有塊菸草。」他的味覺已經被那塊有毒的菸草麻痺了，幾乎失去了品嚐水果那細密、精彩味道的能力。這個例子彰顯了人會碰上的壞習慣，實際上昂貴、無用而且有害。這是我個人的經驗談。過去我一直抽菸，直到我抖得跟白楊樹的葉子一樣，血液直衝上腦，我感覺心悸，還以為得了心臟病，差點把自己活活嚇死。我去問我的醫師，他說：「別再抽菸了。」我不僅傷害自己的健康、花了很多錢，還樹立起一個壞榜樣。我聽從了醫師的建議。天底下沒有一個年輕人像他自己所想那樣，只要手指夾了一根要價十五美分的雪茄或菸斗，人生就會看起來很美好！

至於讓人醉倒的飲料，比上述還嚴重十倍。要賺錢，需要一個思緒清晰的腦袋。一個人必須看懂二加二等於四，他必須時時反思、並且深謀遠慮地完成所有計畫，仔細檢查所有細節與事業上的來龍去脈。一個人要在事業上取得成功，除非擁有一個能擬定好計畫的腦袋，並引領他去理智執行，否則，無論他多幸運天生有出眾的智力，一旦腦袋混亂，判斷力被令人醉倒的飲料所扭曲，就不可能成功開展事業。當一個人和朋友們在一起「應酬」、黃湯下肚的時候，有多少好機會就此飄忽而過，永遠不再有！在那種「鎮定劑」的影響之下，受害人以為自己很有錢，結果犯下了多少愚蠢的交易談判，又有多少重要機會被推遲到明天，然後延到永遠。因為酒杯將整個體系拋進了一個倦怠的狀態，抵銷對事業成功來說至關重要的能量。確實，正如《聖經》所寫，「酒能使人褻慢」。把這種醉人的飲品當成一種飲料，迷戀程度就跟中國人吸食鴉片差不多，以生意人邁向成功而論，前者的毀滅性與後者相當類似。站在哲學的角度，這是一種完全無法辯解、無以復加的邪惡，站在宗教或良善的角度也一樣。那幾乎是我們國家中所有一切邪惡的根源。

THE BARNUM & BAILEY
GREATEST SHOW ON EARTH
"HOME SWEET HOME"
THE RIGHT CARD.
"YANKEE-DOODLE"
"GOD SAVE THE QUEEN"
TROUPE OF VERY REMARKABLE TRAINED PIGS.
PERFORMING NUMEROUS DIFFICULT, CLEVER & WONDERFUL TRICKS, ANIMAL
SHOWING ALMOST HUMAN INTELLIGENCE & REASON. WHILE IN THE PERFORMANCE OF MANY CURIOUS & ORIGINAL FEAT

# 1

# 找對工作

「人們應該追尋自己有熱情的事。」

——馬斯克

「如果從正在做的事情中得不到樂趣，那一個人很少會成功。」

——卡內基

**對**一個才剛要展開人生的年輕人來說，最安全、也最能確保成功的計畫，就是選擇最符合**自身志趣**的職業。在這一方面，父母與監護人往往會過於疏忽。舉例來說，你常常會聽到某一位父親這樣說：「我有五個兒子。我會讓比利當牧師，讓約翰當律師，讓湯姆當醫生，讓迪克去當農夫。」接著他會進城一趟，看看山米可以做些什麼。他回家之後宣布：「山米，我覺得製作鐘錶這個職業不錯，而且又高貴。我覺得要讓你當個金匠。」他非常堅持要這樣做，無視山米天生的志趣或天賦。

我們每一個人毫無疑問，出生在世上自有其道理。我們的腦袋與我們的面容一般**多樣化**，有些人是天生的技師，有些人卻極度厭惡機械。如果有一打十歲的男孩聚在一塊兒，你很快就會觀察到，其中有兩、三個男孩正在「搞」出一些精巧的裝置，開始使用鎖或是其他複雜的機械。這幾個小孩的父親，在他們五歲時就發現，已經找不到任何像是拼圖這一類能讓他們高興的玩具。這些孩子是天生的技師，但其他那八、九個孩子也有不同的才能。我屬於後者，我從未對機械有一絲的愛，甚至完全相反，複雜的機械非常令我作嘔。我從來就沒有足夠的聰明才智，能搞出一個不會漏的出酒龍頭。我也無法弄出一支能寫的筆，或是搞懂蒸汽機的原理。如果有人養了一個像我這樣的小孩，並試圖讓他當一個製錶師，那這個男孩在五年至七年的學徒訓練之後，或許可以把一支錶拆開來再裝回去，但是，他一生的事業都會變得十分艱苦，他會緊抓各種可以離開工作的藉口，然後遊手好閒。因為對他來說，製錶是一件**非常討厭**的事。

一個人除非去從事他天生感興趣、且最符合他天分的職業，否則就無法成功。我很樂意去相信，大部分的人確實都找到了自己的天職。但我們同時也看見，有很多人誤解了職業的**感召**，包括牧師跟鐵匠，不管從上至下或由下至上的職業都有這種案例。舉例來說，我們看見一個人有絕佳語言天賦，應該會成為一位語言老師，最後卻變成一個「學識淵博的鐵匠」，你可能也看過有些律師、醫生與牧師，其實更適合鐵砧或皮革。

# 2

# 創造你的「地利」

「我有幸在對的時間，出現在對的地點。」

——比爾·蓋茲

「不管你在何種狀況，位置就是定局。」

——地獄廚神戈登

確保自己選擇了正確職業後，你得**小心選擇**合適的地點。也許你在經營旅館這方面可以如魚得水，人人都說這很需要「經營旅館」的天分。也許你有能力處理旅館接連而來的大小事，每一天都可以讓五百位客人得到舒適、滿意的服務。但是，你如果把旅館開在一個附近沒有鐵路運輸、或者大眾旅遊不會經過的小村莊，那麼，這個地點會把你**摧毀**。另外一個重點是，如果一個地區在某種行業的需求上已經飽和了，那你就別在那裡開展事業。我想到一個能說明這個問題的案例。

一八五八年我在倫敦，跟一個英國朋友一道經過霍爾本（Holborn），去看了一場「penny shows——零錢秀」。外頭放了巨大的漫畫看板，寫著你將看到最精彩又奇妙的事物，而且「全部只要一分錢」。我自己就是「秀場同業」，也開始對他們的表演有點好奇，我說「進去看看吧」。

我們很快就發現，眼前是一位傑出的娛樂家，事實證明他是我在這個產業所見過最敏銳的角色。他告訴我們一些他手上的絕妙奇聞，像是留著鬍子的女士、白化症患者與犰狳人，這些奇人異士教我們幾乎不敢相信，不過仍然覺得「與其看到證據，還是直接相信比較好」。最後，他請求我們把目光移到幾尊蠟像上，接著向我們展示了一些你所能想像最骯髒、最汙穢的蠟像。這些東西看起來，似乎從《聖經》裡的「大洪水」之後就再也沒碰過水了。

「你這些雕像有什麼美妙之處？」我問他。

「拜託您別這樣語帶譏諷，」他回答道：「先生，這可不是杜莎夫人❶

的蠟像，用一些鍍金、金絲與仿鑽，從版畫或照片複製出來的。我的這幾個——先生，跟您報告，都是用活生生的人複製來的。每當您看著他們，都會以為您在看一個活生生的人。」

我隨便看了看這些蠟像，看見其中一個有標記，上面寫了「亨利八世」，這讓我覺得有點好奇，因為他看起來像是「活骷髏艾德生」[2]，我說：

「你是叫它『亨利八世』嗎？」

他回答我：「這當然，先生，這一個是在某一天，遵照陛下的特殊旨意，在漢普頓宮（Hampton Court）按照他本人的樣貌製作的。」

我如果不接受這種回答，他八成會花一整天時間來跟我詳細說明。我繼續說：「所有人都知道『亨利八世』是一位身形壯碩的老國王，但這個蠟像看起來骨瘦如柴，你怎麼解釋？」

「哎，」他回答：「如果您也跟他一樣，那時一整天都坐在那裡，那您也會變得骨瘦如柴。」

我無法反駁他的論點。我對我的英國朋友說：「我們出去吧，別跟他說我是誰。我甘拜下風，他擊敗我了。」

他跟著我們走到門口。他看見街道上的人群，然後大聲喊道：「各位先生女士，我請求您將目光移到我尊貴的訪客身上！」並在我們離去時指著我們。過了幾天，我約了他。我告訴他我的來頭，接著說：

「我的朋友，你是非常優秀的娛樂家，但你選了一個很糟糕的位置。」

他說：「先生，您說的沒錯。我覺得自己的天分全都**糟蹋**在這裡了——那我能做些什麼？」

「你可以去美國，」我這樣回他：「你在那可以完完全全發揮你的實力。你會發現自己在美國有很大的發揮空間，我會先聘用你兩年，之後你可以用自己的名義來經營你的事業。」

那時，他接受了我的提議，並在我的紐約博物館待了兩年。然後他前往紐奧良，在那年夏天進行了巡迴演出。現在，他的身價已經有六萬美元，原因完全是他選擇了對的職業，然後確保自己待在**正確的位置**。有一句老話是這樣說的：「火搬三道熄，人搬三道窮。」但如果一個人已經夠窮了，搬多快、多常搬，那就沒那麼重要了。

❶杜莎夫人（Madame Tussaud）是杜莎夫人蠟像館創辦人，曾為伏爾泰、盧梭、富蘭克林等名人製作蠟像。

❷凱文·艾德生（Calvin Edson）是怪誕秀名人，身高一百五十七公分，體重二十七公斤。

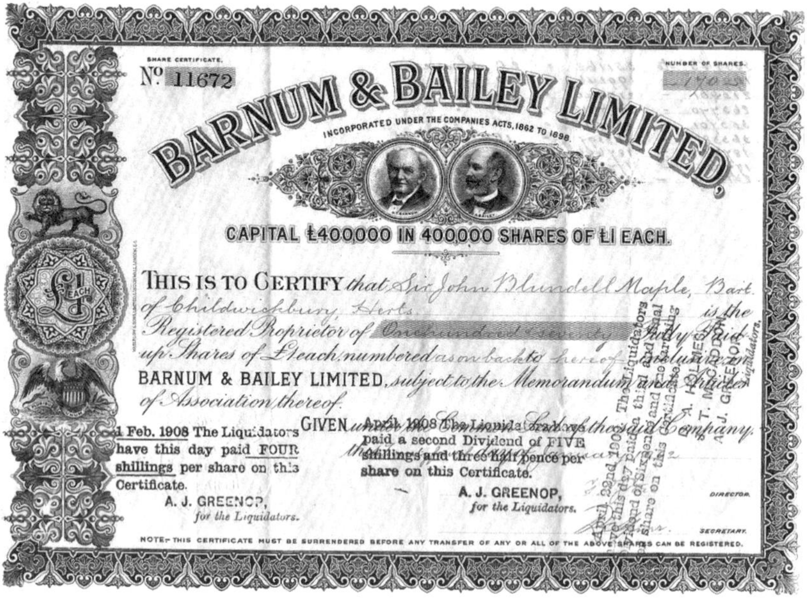


▲ 巴納姆與貝利公司的股票

# 3
# 別當金錢的奴隸

「勒緊你的褲帶，花得少一點，然後減少你的債務。」

——雷・達里歐（Ray Dalio）

「一個人如果健康、思緒清晰且沒有債務，誰能比他更快樂？」

——亞當・斯密

人生才剛起程的年輕人全都應該避免負債。有辦法把一個人搞垮的東西，除了債務，你幾乎找不到第二個。那好比陷入一種**奴隸狀態**，不過我們發現，有許多年輕人從「青少年時期」就幾乎沒辦法擺脫負債。他和一個死黨碰面，然後告訴對方：「你看，這套新衣服是我賒帳買的。」他似乎認為這一套衣服對來他說十分重要。確實，事情都是這樣的，但如果他成功把錢付清然後再次賒帳，他就會漸漸養成一種**習慣**，讓他終其一生都保持貧窮。

負債會奪走一個人的自尊，會讓他連自己都看不起。這個人會又咕噥、又鬼叫地不停幹活，就為了那些讓他心煩意亂、疲憊不堪的東西。而當他終於鼓起勇氣要把錢付清時，結果卻拿不出一分錢來。最貼切的說法，就是「辛苦工作卻把錢丟進水裡」。我指的不是用貸款來買賣的那些商人，也不是為了將採購轉為獲利而去貸款的那些人。桂格老先生會告訴他的農夫兒子：「約翰，絕對不要欠人錢；你如果要去借錢買個什麼，就不如買個『肥料』吧，因為這將**有助於**你償還下一筆錢。」

演說家亨利．畢傑（Henry Ward Beecher）建議年輕人，假如你想在美國購入土地，那是可以有一些小小的債務。他說：「如果一個年輕人只是去借錢，買了些土地然後結婚，那麼這兩件事情會比其他事情更讓他搞清楚狀況。」這樣做在某種程度上可能是安全的，但要避免在吃喝、穿著上負債。有些家庭會養成一種愚蠢習慣，就是上店家光顧時使用信用來購物，從而不斷購買許多以後可能**根本不會用到**的東西。

「我談好了能賒帳六十天的條件，如果我到時候拿不出這些錢，債權人也不會想到這件事。」這種話講得很好聽。但這個世上，沒有人像債權人一樣有過那種美妙回憶。只要你用完了這六十天，你就是得付錢。如果沒付錢，你將是違背承諾，並且你為了拖延，最後只能訴諸欺騙。你可能會找些藉口，或者去哪裡借錢來還清這筆錢，但這些作法都只會讓你**越陷越深**。

有個年輕人叫赫瑞修在當學徒，他的外表俊俏但個性懶散。雇主問他：「赫瑞修，你有看過蝸牛嗎？」他吞吞吐吐地回答：「我想……我……有吧。」他的老闆說：「你一定有看過，因為我相信蝸牛的速度會追到你。」

你的債權人同樣也會找到、或是追到你，然後告訴你：「我年輕的朋友啊，你先前同意要付錢給我，但你還沒做到，所以你現在必須給我張借條。」你給了他一張**附帶利息**的借條，情勢開始不利於你——你把錢丟進水裡。債權人晚上睡了一覺，等早上醒來後，他的生活已經比他上床休息時更好了，因為利息在晚上的這一段時間增加，可是你在睡覺的時候卻變得更窮，因為你要付的利息正在逐漸累積。

金錢在某些方面就像火一樣，是一個非常優秀的僕人，卻是個恐怖的主人。當你讓金錢支配你自己，當利息持續**堆積在**你身上，它就會讓你陷入最惡劣的奴役狀態。不過，如果你讓金錢替你工作，你就擁有了世界上最忠心耿耿的僕人。金錢絕對不是那種「陽奉陰違」的僕人。沒有任何生物、非生物有辦法像金錢一樣，你只要按照利率放款，它就會變得如此忠誠而可靠。無論是白日或黑夜、晴天或下雨，它都不停為你工作。

我出生在施行藍色法❸的康乃迪克州，那裡的老清教徒有非常僵化的法律。據說，他們甚至會對「在星期日親吻妻子的男子」處以罰金。然而，這些富有的老清教徒擁有數千美元的利息收入，他們在星期六的夜裡應該也過得不錯。然後星期日，他們會上教堂，履行自己身為基督教徒的所有義務。等到星期一早上起床之後，他們會發現，自己已經比星期六晚上更加富有，而這完全只是因為他們放出去收利息的金錢，在星期日還忠心耿耿替他們效勞的緣故，且一切合法！

不要讓金錢運作的方式對你不利。如果你落入這種境地，你的人生在金錢上就沒有成功的機會。參議員約翰・蘭多夫（John Randolph）是一個古怪的維吉尼亞人，他有一次在國會上叫道：「議長先生，我發現了一個神奇的點金石：**收受現金**。」確實，這比任何一個煉金術士煉出的石頭都還要強大。

❸藍色法（blue law）是禁止在星期日進行商業活動的法律。

HE BARNUM AND BAILE
GREATEST SHOW ON EARTH
SCENES IN THE
GRAND WATER CIRCUS
ENTIRELY NEW, STARTLING AND INTERESTING WATER EXHIBITIO
RMINATING IN TREMENDOUS HEADLONG DIVES FROM ENORMOUS HEIGHT

# 4

# 堅持下去

「耐心，是成功的關鍵要素。」

——比爾・蓋茲

「對於成功來說，我不認為這世界上有任何事物比持之以恆重要。它幾乎可以克服一切，甚至是本質。」

——石油大王洛克斐勒

一個人若是走在正確的道路上，就必須堅持下去。我之所以這樣說，是因為有些人「生來無力」，他們的天生懶惰、不自力更生且沒有毅力。不過他們還是可以養成這些好的特質，正如眾議員大衛・克拉克（Davy Crockett）所言：

> 牢記此事，當我死後：
> 始終確保你是對的，然後繼續前進。

正是這種正面態度，這種不讓自己被「恐懼」或「憂鬱」佔據的決心，可以讓你在追求獨立的掙扎之中，將自我的能量放鬆，這是你必須好好培養的。

有多少人幾乎已經要觸及到他們高遠的目標，然而，他們卻突然對自己失去信念，將能量洩去，結果永遠拿不到那個金獎。

這就是世道，不容置疑，正如莎士比亞的名言：

人生世事有潮起潮落，

順著勢頭，就能功成名就。

如果你優柔寡斷，有些更大膽的人就會在你伸手前先一步把獎賞拿走。

請記住《聖經》裡所羅門的箴言：「手懶的要受貧窮，手勤的卻要富足。」

有時候，堅持下去是**自力更生**的另一種說法。有許多人天生就望著人生的黑暗面，並自找麻煩。他們天生如此。他們會尋求建議，然後被隨便一股風支配，接著再隨另一陣風飄搖，完全沒辦法仰賴自己。除非你能仰賴你自己，否則你無法期待自己會有成功的一天。有一些我認識的人，他們如果在金錢上遇到挫折的話，絕對會選擇自殺，因為他們認為碰見這種不幸的話，自己絕對沒辦法克服。但我也認識一些人，他們經歷過更加嚴重的財務困境，並且憑藉他們持之以恆的努力來把洞補上，堅信自己的行為非常恰當，也堅信上帝會「用良善戰勝邪惡」。在人生的各種面向中，你都會看見這樣的例證。

這裡有兩位將軍。兩位都熟知軍事戰術，兩位都在西點軍校受過教育，兩位的天賦也一模一樣，隨你高興。不過，其中一位擁有「堅持下去」的原則，另一位則缺乏這種原則，那麼在最後，前面那一位將在其專業領域取得成功，後者則注定失敗。或許有一天，優柔寡斷的將軍聽見有人高喊：「敵軍來了，他們有火炮。」

「有火炮？」他說。

「報告，是。」

「所有人先停下動作。」

這位將軍需要時間來思考。他的**遲疑**就是他的禍種。敵軍將會安安穩穩地通過，或者把他擊垮。而另一方面，那一位有膽識、能堅持下去，而且仰賴自身力量的將軍，會憑藉他的堅定意志與敵方戰鬥，而且你在短兵相接、猛烈轟擊的砲火、傷兵的尖叫聲、垂死的呻吟之中，會看見這個人堅定不移，繼續向前，一路上左劈右砍。他有著堅韌不拔的決心，他的士兵因而受到鼓舞，個個也表現出堅強、勇敢，最後得到勝利。

# 5

# 「全力以赴」的力量

「不管能力如何，只有透過專注，你才能成就世界級的事情。」

——比爾·蓋茲

「每一次有紀律的努力，你都會得到多重的回報。」

——成功學之父吉姆·羅恩（Jim Rohn）

有必要的話要全心投入，從早到晚、從年初到年末，都要對任何事情不遺餘力，而且如果能馬上做好，那就永遠不要推遲。這一句古老的諺語充滿了真理與意義：「凡是值得去做的，就值得努力去做。」有很多人把自己的事業徹徹底底地做好，所以他能獲得財富，而住在一旁的鄰居卻終生一貧如洗，因為他所做的只有一半。事業成功不可或缺的必要條件在於：抱負、能量、勤奮，與堅持。

幸運總是會眷顧勇者，而絕對不會對那些**不自助**的人伸出援手。如果你跟狄更斯《塊肉餘生記》裡的米考伯先生一樣，把時間花在「默默等待出現轉機」的話，幸運是不會降臨於你的。對於這種人來說，會出現的「轉機」

通常只有兩種：貧民收容所，或者監獄。他們因為懶惰養出了壞習慣，成天只能穿著破爛的衣服。

有一個貧窮又無度的流浪漢對一個富人說：「我發現，這個世界上的金錢假如平均分配的話，就可以養活我們所有人。我認為非這麼做不可，我們每個人都要快樂。」

富人回答他：「可是，如果每個人都像你一樣，結果那些錢只夠花兩個月，那接下來你要怎麼做？」

「喔！那就再次分配。一直平均分配，這還用說嗎！」

最近，我在倫敦的報紙上讀到一篇文章，講一個哲學家窮光蛋的故事。

他因為無法支付房租，而被趕出廉價的寄宿公寓。不過，他外套口袋裡有一卷紙張，經過審查，證實了紙上寫的是他「不花一分錢就能償清英國所有國債」的計畫。人們得跟英國的大政治家奧立佛・克倫威爾（Oliver Cromwell）說的一樣：「別只相信天意，還需要有備無患。」把自己的本分做好，不然你就無法成功。有一晚，先知穆罕默德在沙漠中紮營，無意間，他聽到他其中一名疲憊不堪的追隨者說：「我要把我的駱駝鬆綁，然後聽從上帝旨意！」

「不，不，別這樣做，」先知穆罕默德回應他：「**繫好**你的駱駝，然後聽從上帝旨意！」盡你自身所能，其他事情就聽從「天命」，或者說是聽從「好運」，或你為它取的任何名字。

# 6

# 你只能靠自己

「你所能做的最重要的投資，就是你自己。」

——巴菲特

「不懈的努力不是力量或智慧，而是打開自己潛能的鑰匙。」

——邱吉爾

一個雇主的眼睛，往往比一打雇員的雙手還有價值。就事物的本質來看，職務的代理人無法像雇主本身對自己那樣忠實。有很多雇主常常都會想到，他們最優秀的員工曾忽略了某一些重要問題，而這些事，自然無法逃出他們身為業主的法眼。除非了解自己的事業，否則一個人沒有「期待自己的事業會成功」的權力；而除非靠著努力、經驗去學習，不然也沒人能徹底了解自己的事業。

或許有個人當了製造商。他必須親自去了解他自己的生意細節，他每天都會學到一些新東西，然後他會發現，自己幾乎每天都會犯錯。正是這些錯誤幫助他累積更多經驗——前提是他有**意識到**錯誤。他將會像個北方賣錫的小販一樣❹，曾經在採購時被欺騙，買到爛貨。然後他說：「好吧，我每天都能獲得一些資訊。我以後再也不會被這種方法騙了。」一個人於是能買到自身經驗，當然，沒有太高的代價是最好的情況。

我認為每個人都應該要跟法國博物學家居維葉（Cuvier）一樣，透徹了解自己的事業。這個人非常精通自然史的相關研究，可能你帶給他一塊骨頭，甚至是他從未見過的生物的部分骨骼，他就有辦法透過類推論證，繪製出這個骨骼所屬生物的圖像。有一次，他的學生試圖要欺騙他，隨便拿了一張他們的牛皮捲起來，然後放在教授的桌子下假裝是新標本。當這位哲人走進教室，有學生問他這個標本是什麼動物。突然間，這隻傳說中象徵邪惡的偶蹄動物彷彿開口說話了：「我是惡魔，現在就要把你吃掉。」正是居維葉的天性使然，他非常渴望把這個物種分類，全心全意檢查眼前之物，然後說：

「是偶蹄類，代表撒旦的誘惑。草食性！其他的無法確認。」

他知道偶蹄動物必須以草、穀物，或是其他植物維生，且不傾向於肉食，無論是死的還是活的。也因此，他認為自己的回答非常安全。我們為了確保成功，擁有對自身事業的全盤知識，絕對是必要條件。

老羅斯柴爾德❺說過的格言中，其中有一句看似自相矛盾：「要謹慎而且大膽。」這句話乍看之下很矛盾，但並非如此，且大智慧就在這句至理名言中。事實上，這句話是我另一句話的精簡版本。我曾經說過：「你得在制定計畫時小心翼翼，在執行時大膽行事。」如果一個人只有謹慎，永遠不敢抓住機會並邁向成功——或者如果一個人只有膽大，幾乎是做事魯莽，那最終也都會注定失敗。有人可能在一次操作上，不停「變化」，並在投機的股票市場中賺了五萬到十萬美元。但如果他只是大膽而不謹慎，那次不過就是個機會，而他將在明天失去他今天所得到的東西。為了確保成功，你必須既謹慎又大膽。

羅斯柴爾德家族還有另一句格言：「絕對不要跟一個不幸的人、或者地方扯上任何關係。」換句話說，就是絕對不要跟一個**不可能成功**的人、或者地方扯上任何關係。因為，就算眼前這個人看起來非常真誠且睿智，但他經過不斷嘗試卻總是以失敗收場，這就表示，其中必然有某一些你尚未發現、卻一定存在的錯誤與缺點。

天底下沒有**單憑**運氣就能成就的事。沒有人會在一大早出門就在街上撿到一個裝滿金幣的錢包，隔天早上出門又來一個，再隔天也是，然後日復一日。永遠不會有這種事。那個人的一生中也許會碰上一兩次，但這僅僅是因為運氣作祟。失去其實就跟撿到一樣容易。「類似的成因會產生類似的影響。」如果一個人成功是因為妥當的方法，那「運氣」就不會是他的阻礙。如果一個人沒有成功，雖然他自己可能、或許完全沒有意識到，但背後一定有原因存在。

❹「北方小販」（Yankee Peddler）是十八世紀在美國迅速崛起的新商業型態，用手推車或馬車從一地到一地兜售，利用其機動性，將商品繞過當地商人送到消費者手上。

❺羅斯柴爾德家族是世界上最富有的銀行世家，此處應為其家族之父邁爾·羅斯柴爾德（Mayer Amschel Rothschild）。

e Barnum & Bailey Greatest Show on Earth
THE GREAT CONEY ISLAND
WATER CARNIVAL
HAMPION MALE & FEMALE SWIMMERS, SENSATIONAL HIGH DIVERS, AMERICAN LOG-ROLLERS & OTHERS. EXACT
EN WHILE IN THE PERFORMANCE OF THEIR MANY THRILLING FEATS IN THE GRAND WATER CARNIVAL & AQUATIC ENTERTAINME
E WORLD'S LARGEST, GRANDEST, BEST AMUSEMENT INSTITUTIO

# 7

# 工具帶來價值

「給我六個小時砍倒一棵樹，我會花一個小時去把斧頭磨利。」

——林肯

「一支有最佳隊員的隊伍會勝利。」

——傳奇CEO傑克・威爾許（Jack Welch）

如果你要面對員工的話，一定要仔細找到最佳人才。要知道，你不會因為工具太好而無法與之共事，且你不該把任何一個工具當作你賴以生存的工具。假如你有個好員工，那就最好把他留住，而不是一直來來去去。這個員工每天都會學到一些東西，你也會從他習得的經驗裡得到不少收穫。對你來說，他的價值一年比一年更高，假如他的特性不錯，而且依然對你忠誠，那麼，他將是最後一個跟你分道揚鑣的人。

如果他的價值越來越高，而且向你要求過多的薪資調整，還猜想你沒有他就成不了事，那就讓他走吧。我只要一發現底下有這種員工，一定會把他開除。首先，要讓他相信他的位置是可以取代的，再來，如果他認為自己超級珍貴又無法取代，那他等於是個廢物。

但如果可能的話，為了要從他的經驗中獲取利潤，我還是會把他留下。員工的其中一項重要因素在於**大腦**。你常會看到徵人廣告上寫著「需要人手」，但在沒「腦」的狀況下，「手」並不值什麼錢。亨利．畢傑先生說明了這一點，何其明智：

有個員工這樣說明他的技能：「我有一雙手，並用一根手指思考。」「這非常好。」雇主這樣說。有另一個人出現了，他說自己「用兩根手指思考。」

「哇，這更好。」但第三個人過來插話，說自己「用所有手指和拇指思考」。這又棒了一些。最後有一個人走了進來，說：「我有一個會思考的大腦，我會思考全局，我在工作的同時也會思考！」

「你就是我想要的那個人。」這位高興的雇主說道。

同時有腦袋與經驗的人是最有價值的，絕不能輕易讓他們離開。你要不時在合理的範圍提升他們的薪資待遇，這樣對他們來說會比較好，對你也是一樣。

# 8

# 搞清楚自己的斤兩

「接受自己的極限，然後我們才能超越自己。」

——愛因斯坦

「想要從市場中賺錢，你必須要能獨立思考，保持謙遜。」

——雷・達里歐

如果一個年輕人通過了商業培訓或學徒時期之後，卻沒有開始求職，然後開創自己事業的話，往往會變得無所事事，遊手好閒。這些人會說：「我已經學得這個事業的技能，但我沒打算被誰雇用。除非我自己創立一個事業，不然我學習做生意，或是那些專業技能的目的何在？」

「那你有創業的**資金**嗎？」

「沒有，但我就快要有了。」

「你的資金從哪裡來？」

「我偷偷告訴你，我有一個有錢的阿姨，她年紀已經很大了，很快就會過世。不過，她如果沒那麼快過世，我希望可以找到幾個有錢老人，叫他們借我幾千美元、幫助我事業起步。只要有一點啟動資金的話，我就能闖出一番事業。」

一個年輕人相信自己能靠著借來的錢成功？沒有錯誤比這個更離譜了。原因何在？因為所有人的經驗都與美國首富約翰．阿斯特（John Jacob Astor）先生的經歷相符，他曾說，與他成功賺得那數百萬美元的龐大財產相比，他**累積第一桶一千美金**簡直困難許多。除非你可以透過經驗去理解金錢的價值，否則金錢對你來說什麼都不是。給一個孩子兩萬美元去創業，他很有可能在他下一次生日之前就把每一分錢全部賠光。就好像有人買彩券中了大獎，結果這些錢「來的快，去的也快」。他並不清楚這些錢的價值。如果一件事情不用付出努力，那這件事就一文不值。沒有自律與節流、耐心與毅力，也沒有從一**切為零**的狀況下開始打拼——你就無法確定自己能不能成功累積財富。年輕人啊，與其「坐享其成，不勞而獲」，不如起身行動，因為這些有錢老人過世的時候，遺產絕對不可能沒人過問，對於那些候選的繼承人來說，就是種幸運罷了。

今天我們國家的十個富人之中，有九個一開始都只是窮小子，他們有著堅定的意志、勤奮、毅力、節流與良好習慣。他們一步一腳印，自己賺了錢並把錢存下來，這正是獲取財富的**最佳方式**。

早期的貿易之王史蒂芬．吉拉德（Stephen Girard）起初是一介窮苦的船艙服務生，但他死時的身價有九百萬美元。建立零售帝國的亞歷山大．史都華（Alexander Turney Stewart）原本只是一個愛爾蘭窮小子，可是後來，他每一年的收入要繳的稅高達一百五十萬美元。知名富商約翰．阿斯特原本也是個窮苦的農家小孩，死亡時身價高達兩千萬美元。靠航運跟鐵路致富的康內留斯・范德比爾特（Cornelius Vanderbilt）靠著開船往返史泰登島（Staten Island）與紐約來開始他的人生，後來他送給政府一艘價值一百萬美元的蒸汽輪船，死時身價為五千萬美元。

有句老話是這樣說的，「學習沒有捷徑」，而我也可以照樣造句說「財富沒有捷徑」，但我認為，實際上兩者之中都有**捷徑**可循。學習之路本身就是一條捷徑，這條捷徑能讓學子們擴展智識，每一天都增加一點知識存量，直到他在智慧增長的愉快過程當中，能夠解決那些最高深的問題，比如算出星星的數量、分析地球上每一顆原子，或者測量出浩瀚天際——這是一條莊嚴的道路，也是唯一值得造訪的道路。

對財富來說也是如此。保持自信、研究規則，最重要的是還要研究人類的**天性**，因為「想正確研究人性，你就一定得研究人」。而你將發現，在擴展智慧與肌理的同時，那不斷擴大的經驗將使你每天一點一滴累積更多資本，且不斷藉由利息或者其他方式自我增值，直到你達到獨立自主的狀態。

你會發現，窮小子變有錢，或有錢人變得貧窮都是常發生的事。舉例來說，有一位富翁過世時留給家人一大筆遺產。年紀比較大的兒子們曾經幫助富翁賺得這份財產，他們已經藉由過往經驗而理解到金錢的**價值**，於是把分得的遺產用來增加財富。另一方面，分給年紀比較小的孩子的遺產，也都已經拿去滾利。

每天都會有人來輕拍那些小傢伙的頭，然後跟他們說上幾十遍：「你們非常有錢，這一生都用不著工作，可以一輩子隨心所欲、想幹嘛就幹嘛，因為你們是含著金湯匙出生的。」那些年輕的繼承人很快就會知道這些話的意思了。他擁有最高檔的華服與玩物，他擁有滿滿的蜜糖，幾乎是「死於安樂」，他從一所學校轉到另一所，受到眾人溺愛和吹捧。他逐漸變得傲慢、自負，開始謾罵師長，對一切事物都專橫跋扈。他對金錢真正的價值一無所知，而且從未真正自己掙得一分一毫——但對於「金湯匙」的事情他倒是一清二楚。在大學念書時，他會邀請沒錢的死黨們到自己的房間來，然後用「美酒佳餚」款待大家。他會被哄騙，也被奉承，被大家叫做「超級完美的好朋友」，因為他在金錢上是如此闊氣。他會在玩樂時招待餐點，他會騎著他的快馬，也會邀請死黨們參加宴會或派對，他決定要有很多「美好時光」。他在嬉鬧與放蕩中過完每一個晚上，帶領他的同伴們唱著熟悉的歌曲，「天亮之前我們不會回家」。他找來一些朋友跟他一起把店家的招牌拆了，也把大門從鉸鏈上拆下來，然後全都扔進後院還有洗馬池。假如警察要逮捕他們，他們還會襲擊警察，最後被上銬帶到拘留所，然後快快樂樂地支付罰金。

「啊！各位朋友，」他大聲說道：「如果你不能這樣享受的話，那有錢又有什麼用呢？」

他或許還可以講得更真實：「如果你不能這樣**搞自己**的話，那有錢又有什麼用呢？」然而，他的「急性子」讓他痛恨節奏緩慢的事情，而且對那些事「視而不見」。一個年輕人口袋裡裝滿別人的錢，一定會失去他們所繼承的一切，而且他們會學到各式各樣的壞習慣。在大多數的情況下，這些習性會破壞他們的健康、財源與品格。在這個國家，後浪推著前浪，今日的窮人會在下一個世代、或者下下個世代變得富有。他們的經驗引導他們前進，讓自己開始變得富裕，接著把大量錢財留給年幼的孩子們。然後，這些孩子在奢侈的環境下長大，由於缺乏經驗於是又變得貧窮，經歷了長時間的消長，又有一個世代的人吸收經驗並且再一次累積財富。所以我們知道，「歷史會不斷重演」，而令人開心的是，如果傾聽他人的經驗，就能夠引以為鑑，進而避開讓前人觸礁或擱淺的那些地方。

「在英格蘭，事業成就了個人。」在那裡，一個人的職業如果是技師或者工人，那他就不會被當作一位紳士。當我第一次有榮幸謁見維多利亞女王時，威靈頓公爵（Duke of Wellington）問我，「拇指將軍湯姆」的父母從事什麼行業。

「他父親是個木匠。」我回答道。

「喔！我原本聽說他父親是位紳士。」公爵閣下這樣回應。

而在美國這個共和制國家，是**個人**成就了事業。無論一個人是鐵匠、鞋匠、農夫、銀行家或者律師，只要從事合法生意，他就可能是一位紳士。所以任何「合法」生意都有雙重的祝福——對當事人本身有益，同時也有益於他人。農夫撐起他自己的家庭，但他對那些需要農產品的技師、商人們也有幫助。裁縫師不只靠著自己的行當維生，而且也對農夫、牧師和其他無法自行製作衣物的人有幫助。以上各種類型的人通常都算得上紳士。

所謂遠大的抱負，應該是超越**同一行業**裡的其他人。

有個即將畢業的大學生對一位老律師說：

「我還沒決定自己要進入的行業。請問您的行業是否已經人滿為患了？」

「底層是還滿擁擠的，但上層還有很多空間。」這真是個風趣而且真實的回答。

任何專業、行當或衝勁在上層永遠都**不嫌多**。無論你在哪裡找到了最實在又最聰明的商人、銀行家，或者最棒的律師、醫師、牧師、鞋匠、木匠，或是其他的職業也可以，那他就是你要的那個人，而且總是可以滿足你的需求。

美國這個國家的人民實在太膚淺——大家對於「一夜致富」這種事情趨之若鶩，而且通常不會盡本分，把自己的事業做得盡善盡美。然而，不管他是否在自己的領域中勝過其他人，只要他有良好習慣，只要他誠信無欺，那就不怕沒人贊助支持，財富自然會隨之而來。永遠要把「精益求精」當成你的座右銘，只要用這種態度過活，你的字典就不會有「失敗」二字。

RINGLING BROS AND BARNUM & BAILEY
THE WORLD'S BIGGEST MENAGERIE
THE GREATEST SHOW ON EARTH

# 9

# 學些「實用」的東西

「知識如果不能應用，那它就沒有力量。」

——卡內基

「教育的一切目的，就是為了讓鏡子化為明窗。」

——美國知名媒體人西德尼·哈里斯

（Sydney J. Harris）

每一個人都應該讓自己的兒子、女兒學一些有實用性的行當或者專業。如此一來，他們在財產變動、風水輪流轉的現代（或許今日富裕，明日貧窮），卻可以擁有某些**有形**的依靠，好讓他們有辦法**重新開始**。

做好這種預防準備，或許可以讓很多人免於悲慘命運——那些人只要在無預警的狀況下失去財富，就等同於失去了一切謀生的手段。

# 10

# 要樂觀，
# 但不能不切實際

「假如你能控制那個籃子裡的事，那麼你可以把雞蛋都放進去。」

——馬斯克

「把你的判斷力與野心混合在一起，用你的能量來調味。這就是成功的絕妙食譜。」

——卡內基

有許多人一直都很貧窮，因為他們太過不切實際了。他們的每一個計畫，看起來好像都一定會成功，也因此，他們不斷從一個事業**換到**另一個事業，然後每一次都會惹上麻煩，老是在「受苦受難」。

「在雞蛋還沒孵化時，就開始計算小雞的數量。」這一句話是過去的人常犯下的錯誤盤算，然而，這種錯誤似乎並沒有隨著時間而改善。

# 11

# 「分散力量」讓你一事無成

「只有當投資人不知道自己在幹嘛時，才需要分散投資。」

——巴菲特

「公司常常會困惑自己的目標是收入，還是股價，或者其他東西。但你必須專注在導致這一切的事情上。」

——提姆・庫克（Tim Cook）

一次只從事一種事業，然後就這樣忠實地堅持下去，直到你成功，或直到你的經驗告訴你「應該要放棄這個事業」。如果你持續捶打一根釘子，它就會慢慢被固定住，而你在達成目標上也是同樣道理。

一個人如果不把注意力分散，專心致志在一個目標上，那麼他的心志會受到價值改善的啟發。然而，假如他的大腦被一次十幾件不同的事情佔據，那些啟發只可能會離他而去。財富在許多時候，會從一個人的指縫之間溜走，因為那個人一次要應付太多工作。「一心不可二用」，前人的警告自有其道理。

# 12

# 要系統化，也要靈活

「馬斯克不賭博，他是系統性地實現他的夢想。」
——企業顧問漢斯·范德盧（Hans Van Der Loo）

「一個小時的計畫可以為你省下十個小時的白工。」
——卡內基

經營事業時應當系統化。一個人如果按照**規則**去經營事業，把所有事情的時間與地點都規劃好，然後即時處理所有工作，那他最後所完成的工作，將會比那些粗心大意、馬馬虎虎的人多兩倍，而且避免掉的麻煩還會少一半。把系統導入所有的交易、一次只做一件事、對任何約定都永遠準時——你透過這些習慣，就能找到閒暇時間去做娛樂消遣。反之，如果一個人做事都只做一半，然後就去忙其他事，結果還是只做一半，那麼他的事業將會一事無成，永遠不知何時才會完成每日的例行作業，因為根本沒有做完的時候。當然，種種的規則都有其限制。我們得努力找出折衷之道，因為系統化這件事有時會矯枉過正。舉例來說，有些人因為收拾東西的時候太過小心，結果有可能再也找不到那些東西。這很像是華盛頓特區那裡的人所拘泥的「繁文縟節」，和狄更斯先生《小杜麗》（*Little Dorrit*）裡的「拖拉衙門」一樣——手續繁多卻一點**成果**都沒有。

「阿斯特之家旅館」（Astor House）剛開始在紐約市營運時，無疑是全美國最棒的旅館。這間旅館的業主從歐洲學到了許多經營旅館的訣竅，老闆也對於自己雄偉的企業所廣泛採用的僵化制度感到自豪無比。到了晚上十二點，在許多房客聚集的情況下，老闆會出來說：「約翰，請搖鈴。」然後在兩分鐘之內，旅館大廳裡會出現六十名僕役，每一個人手上都拿著水桶。這位老闆向他的房客們說明：「各位先生女士，這就是我們的火警鈴。這代表您住在我們這裡是非常安全的。我們很有**系統**地完成所有事情。」不過，以上這件事發生的時候，克羅頓河（Croton River）的水根本就還沒引入那座城市。

而且有時候他們會矯枉過正，太過於遵照系統規則。有一次，旅館裡擠滿了大批客人，突然有個服務生的身體不舒服。雖然這整間旅館的服務生有五十個，那位老闆卻依舊認為，這個服務生一定要全力以赴，否則自己的「系統」會因此被打亂。就在用晚餐之前，他衝下樓說：「一定要有另一個服務生，我現在就是少了一個服務生，該怎麼辦？」然後他正好看見一個愛爾蘭來的「菜鳥」。老闆說：「派特，你去把手跟臉洗一洗，穿上白圍裙，五分鐘之內趕到餐廳。」沒過多久，派特應要求現身，而那一位經營者說：「派特，現在你要站在兩張椅子後面，等待那些紳士們入座，你以前有當過服務生嗎？」

「你說的我都知道，但我從來沒當過服務生。」

派特就像是一個愛爾蘭舵手，當船長認為他已經大大地偏離航道了，於是問他：「你確定知道自己在做什麼嗎？」

派特回答：「當然知道，而且我對這條航道上有幾顆礁石瞭若指掌。」

就在那一刻，「砰」的一聲巨響，船隻撞上了礁石。

舵手繼續說：「啊！我的老天，這就是我知道的其中一顆。」不過，我們先回到餐廳那邊。老闆對他說：「派特，在這裡我們一切都要**系統化**。你得先替諸位紳士上一盤湯，等到他們**喝完**之後，再問他們接下來需要些什麼。」

派特用他的愛爾蘭腔回答：「啊！我完全理解這個系統的意思了。」

賓客們很快就入座了，他們的面前各自擺放了一碗湯。派特服務了兩位紳士，其中一位把湯喝完了，另一位則放著沒喝。沒喝湯的客人說：「服務生，把盤子收走然後拿一份魚來。」派特看著那一碗完全沒動過的湯，內心謹記他老闆對於「系統」的指示，於是又用他的愛爾蘭腔回答說：「你還沒喝完湯之前，不能上菜！」

理所當然，這就是因為「系統」**矯枉過正**而造成的。

# 13

# 資訊是武器

「戰爭有九成是『資訊』。」

——拿破崙

「大多數人都不懂得花時間去獲得知識優勢。」

——知名投資人馬克．庫班（Mark Cuban）

永遠要拿一份你**信得過**的報紙，如此一來，你才能不斷得知世界上各種交易的最新發展狀況。不讀報紙的人，代表他已經被**隔絕**在同類的世界之外。

在十九世紀這個有電報與蒸汽機的時代，各行各業都有許多重要發明與進步，那些不參考報紙的人，很快就會發現自己和自己的事業都已經被打入冷宮，乏人問津。

# 14

# 小心「業外操作」

「永遠不要投資你不懂的生意。」

——巴菲特

「幸運的是，我從來不在我不懂的東西上投資太多錢。」

——傳奇投資人彼得・林區（Peter Lynch）

有時候，我們會看見有一些人賺到財富之後，突然間就一貧如洗。在許多情況下，這都是因為放縱（通常是賭博和其他壞習慣）所致。而更常見的原因，在於當事人從事了「業外操作」，諸如此類。

他在他自己合法經營的業務中變得有錢，然後有人告訴他，現在有一大筆投機交易可以馬上賺到好幾千美元。而他的朋友們經常把他捧上天，說他生來幸運，說只要他手摸到，一切都會變成黃金。這時，如果這個人忘記了那些讓他成功的要素，包括他的節流習慣、端正的經營態度，以及他對自己熟悉的事業的專注——那他就會聽進這些危險的誘惑之語。然後他會說：「我要投入兩萬美元。我一直以來都很幸運，而我的**好運**很快就會讓我賺回六萬元。」

就這樣過了幾天，他發現自己還需要再多投入一萬元。對方在不久之後告訴他「一切順利」，不過有一些當初沒預料到的狀況，所以需要再追加兩萬美元——這些投資會讓他滿載而歸！不過在他意識到事情不太對勁之前，泡影就已經幻滅了，他賠掉所擁有的一切。這個人現在才學會自己早該知道的第一件事——無論你在自己的事業上有多麼成功，如果你轉而從事一門你完完全全不懂的生意，就會像是沒了翅膀的神鷹，力量一去不復返，你就變得跟其他人一樣平凡。

如果擁有大量財力，一個人應該投資在看起來有希望成功的所有事情上，這或許還可以替人類促進福祉。不過，在這方面的投資金額應該要**適可**

**而止**，絕對不要因為投資在自己「完全沒經驗」的事情上，結果愚蠢地糟蹋了之前用老方法賺得的老本。

# 15

# 借人錢的可怕習慣

「借錢，會讓你人財兩空。」

——莎士比亞

「在別人的票據上簽字，為他的債務負責，非常不明智。」

——《聖經》

我認為，在沒有取得良好保證的情況下，任何人都不該替人作保或抵押，就算對方是你的父親或兄弟姊妹，這種行為也可能比你所能承受的「損失」或「意外」要嚴重許多。假設現在有一個人，他身價兩萬美元，正在搞一個蓬勃發展的商業或製造業貿易。而你已經退休了，靠著你的老本過活。有天那個人跑來告訴你：

「你知道我身價有兩萬美元，而且沒欠一毛錢。如果我現在有五千美元的現金，那我就能買進一大批貨，幾個月內，我就可以把我的錢翻倍。你願意幫我手上這筆五千元的借條作保嗎？」你心想，他有兩萬元身價，幫他的借條作保沒什麼風險。你想給他一點方便，於是就在沒有抵押物的**預防措施**

下，把你的名字借給他。沒過多久，他把那張由你背書的借條亮給你看，確認那已經作廢了，然後告訴你，「他靠著這次操作賺到了預期的獲利」。這可能是實話。你心想自己做了一件好事，而這個想法讓你十分開心。之後同樣的事情一再發生，你也一直替他作保。你的腦中已經烙印了這種印象，以為在沒有保障的情況下，幫對方的借條作保是非常安全的。

問題就在於，那個人**太容易**拿到錢了。他只要把你作保的借條拿去銀行貼現就能拿走現金。在那個當下，他完全不費吹灰之力就能拿到錢，沒有絲毫不便。現在我們來看看結果如何。

他發現在他的事業之外有一個投機的機會。這個短期投資只需要一萬美元。而且在銀行還款期限到期之前，就能把資金收回。他接著把寫上一萬美元的借條放在你面前。你反射性地簽下了你的大名，相信你這位朋友十分可靠、值得信賴，並將替他作保這件事看成「理所當然」的家常便飯。

不幸的是，這一筆投機交易並沒有一如預期地迅速成功，而且為了清償上一張借條，他在到期之前必須準備另一張一萬美元的借條來折現。

在借條到期之前，這一筆投機交易已經確定完全失敗，並把錢都賠光了。這個投資失敗的人，是否會**告訴**幫他作保的朋友，自己已經把一半的財產都賠掉了？不可能。他甚至根本不會提到他有做過這一次投資。但他對這種事越感興奮，「投機魂」已經將他的心神佔據。他看見其他人都靠著這種方式發大財（因為我們很少會聽見失敗案例），然後，他跟其他投機者如出一轍，「想從賠錢的地方把錢找回來」。所以他又試了一遍。

「給借條作保」已經變成了你的某種慢性病，他每一次賠錢之後，無論想借多少錢都可以拿到你的簽名。最後你發現，你的朋友把他跟你所有的財產全都賠個精光。你很錯愕也很悲傷，深受打擊，然後說「這件事情很難熬，我的朋友把我給毀了」。不過，你應該再順便補充一句，「我也把他給毀了」。如果你事先告訴他：「我會給你方便，但如果沒有足夠的抵押品，我**絕對不會**替你作保。」如此一來，他就不可能會打腫臉充胖子，絕對不會被他原本合法生意之外的事情給誘惑。

無論何時，讓一個人**太容易**得到金錢是一件非常危險的事。撇開其他問題不談，這筆錢會誘使他們做出危險的投機行為。在《聖經》中，所羅門曾經中肯地描述：「凡不作保，必享安穩。」

將要開始事業的年輕人也是如此，讓他們透過賺錢的過程來**了解**金錢的價值。當他確實了解其價值，可以稍稍助他一臂之力，幫助他開展事業，但請牢記，如果一開始賺錢的工具太好，那通常難以成功。你必須千錘百鍊，然後做些犧牲，經過慘痛教訓得來自己的第一桶金，那你才能領會到這筆錢的價值。

# 16

# 我的廣告哲學

「如果我只省下兩美元，我會花一美元做公關。」

——比爾．蓋茲

「人們很多時候不知道自己想要什麼，直到你展現給他們看。」

——賈伯斯

我們或多或少都仰賴著社會大眾給予的支持。我們全都在跟**社會大眾**做生意——舉凡律師、醫師、鞋匠、藝術家、鐵匠、表演者、歌劇演員、鐵路大亨與大學教授皆在此列。這些跟公眾打交道的人，必須留意自己的商品是否有價值、是否精良，而且是否能讓人滿意。如果你擁有一個東西，而你知道它絕對能取悅你的顧客，只要他們試用過，一定會覺得把錢花在這個東西上非常值得——那就把你擁有這件商品的事實公諸於世吧！

要慎重地用某種形式幫你的商品打廣告，因為一個人如果擁有這麼棒的待售之物，卻沒人**知道**這個東西，那他就無法得到回報。在一個這樣的國家，幾乎所有人都會閱讀，而且各家報紙流通的發行量有五千到兩萬份，如果不趁機善用這個途徑，利用廣告來觸及社會大眾，非常不聰明。報紙會送往各個家庭，主婦與小孩都會讀報，男主人也是如此。如此一來，當你照常處理你的日常工作時，成千上萬的人可能會看見你的廣告。而且當你在睡覺的時候，可能還會有更多人讀到它。

這整個生命哲學在於，要怎麼「收穫」先怎麼「栽」。農人就是這樣做的，先是給他的穀物播種，種下馬鈴薯與玉米，接著去做其他事情，等時間一到便有收穫。他卻從來不會先收割、後播種。這個原則適用於各行各業，而且沒有其他做法會比廣告效果更顯著。一個人假如有貨真價實的好東西，也想要得到有利的收穫，沒有比用廣告「播種」在公眾心中更棒的方法了。理所當然，他必須要有**確實**能取悅顧客的好東西。長期而言，凡是虛假或偽造的東西都不會成功，因為社會大眾比很多人想像得還更聰明。人類無分男女都是自私的，我們都偏愛購買能讓自身獲得最大好處的東西，而我們都在試圖尋找那個最可靠的東西。

你幫一個投機的商品打廣告，可能會引誘很多人來向你詢問，並且購買個一次，但他們會譴責你是個奸商或騙子，你的事業終究會慢慢衰亡，你會因此變得貧窮。世道就是如此。少有人能單憑隨機上門的顧客就安然無事。你需要讓你的顧客回頭，然後再次購買。

有個人曾跟我說：「我有試過打廣告，卻沒什麼成效。但我的商品明明很棒啊。」

我回他：「我的朋友，有規則就有例外。你是怎麼打廣告的？」

「我在週報上登了三次廣告，這樣花了我一塊半。」

「先生，廣告就像學習——一知半解最危險！」我說。

有一位法國作家說：「報紙的讀者們不會看見第一次出現在報紙上的一般廣告。第二次露出時，他看見了，但不會去讀。第三次露出他讀了。第四次露出，他看見了商品價格。第五次露出，他會跟妻子聊到這個商品。第六次露出，他已經準備要購買了。等到第七次露出，他真的去買了。」

你打廣告的目標，是要讓大眾明白你有什麼東西要賣，如果你沒有持續打廣告的勇氣，在成功傳達這些資訊之前，花的廣告費用都等於是在打水漂。如果你沒繼續下去，那你就像是下面這種人——有一個人對一位紳士說，如果能給他一塊錢，就能幫助他省下十塊錢。紳士聽了非常驚訝，於是問道：「我怎麼能夠用這麼少的錢，幫你這麼大的忙呢？」而他一邊打著嗝，一邊說：「我今天一早就下定決心要喝個爛醉，然後為了這個目標，我把身上僅有的十塊錢花完了，不過還差了一點。只要再來一杯一塊錢的威士忌，我就可以達成目標了。如果這樣，我早上花掉的十塊錢就不算白費了，等於省了十塊錢。」

所以如果要打廣告，一定要**持續打**，打到公眾都聽過他的名號、知道他有什麼本事，還有他在做什麼生意，否則投資在廣告上的錢全都是血本無歸。

某一些人擁有特殊的天賦，可以寫出引人注目的廣告，顧客只要看了一眼就會深受吸引。理所當然，這會給廣告的發布者帶來極大優勢。有時候，也可以靠著獨一無二的標誌、或者商店櫥窗內令人好奇的陳列來讓自己受歡迎。我最近觀察到有一間店的門口，放了一塊搖搖晃晃的牌子，延伸到人行道，牌子上只用簡單的字體寫了：

**別看另一面**

我當然看了，所有人都看了，我也領悟到這個人靠著自己的方法，讓大眾第一眼就注意到他的生意，並巧妙地讓客戶在事後替他宣傳。

帽商約翰．格寧（John Nicholas Genin）在拍賣會上，以兩百二十五美元的價格買下了第一張「瑞典夜鶯」珍妮．林德演出的票，因為他知道這一個舉動對他來說是很棒的廣告。當他喊出城堡花園（Castle Garden）那一場演出門票的最高價時，拍賣師問道：「出價的是哪一位？」接著收到如此回應：**帽商格寧**。

那裡聚集了數千位上流人士，他們來自第五大道，或者從各個遙遠城市遠道而來。「帽商格寧是何方神聖？」眾人驚呼。他們以前從沒聽說過此號人物。

隔天早上，這件事透過報紙與電報，從緬因州傳到了德州，讀到這一則新聞的人至少有五百萬到一千萬人——珍妮．林德首場演出的總票房為兩萬美元，而且有一張門票以兩百二十五美元售出，買家為「**帽商格寧**」。全國上下所有人都不由自主地脫下帽子，看看自己頭上的帽子是否印了「格寧」二字。

在愛荷華州的某個小鎮，郵局旁邊擠得水洩不通，因為有個男子帶了一頂「格寧」帽，且以勝利者的姿態展示它，儘管這頂帽子已經十分破舊，連兩分錢都不值。有人叫道：「你為什麼會有一頂貨真價實的『格寧』帽，你這傢伙真是幸運！」有個男人說：「好好保存這頂帽子吧，它將會變成你們家的傳家之寶。」人群之中，似乎有另一個人很羨慕他能有這種好福氣，於是說：「來吧，給我們大家一個機會，現在就把它拍賣競標！」他從善如流，最後這頂帽子以九元又五十分錢拍板售出！

格寧先生後來又是如何？這件事發生後的六年，他每年多賣出一萬頂帽子。其中有九成的購買者，可能只是因為出於好奇心，不過他們在購買之後發現物有所值，所以就成了他的常客。這個新穎的廣告先是吸引了眾人的注意，接著，只要他做出一些好商品，顧客就會再度光臨。

我現在並不是說所有人都應該像格寧先生這樣打廣告。

我的意思是，如果一個人手上有好的待售商品，但他沒有用某些方式替商品打廣告，總有一天，拍賣他東西的警官會替他代勞。我也不是說所有人都非得在報紙——或者精準一點，在「印刷品」上面打廣告。恰好相反，雖然這種方式在大多數情況下都是必不可少的，但像是醫生、牧師、律師的某些服務，也可以透過其他方式更有效接觸到社會大眾。

但顯而易見的，你一定要用某種方式**讓人知道**你的服務，否則要如何得到他人的支持？

# 17

# 「服務」就是你的資本

「把握任何時刻與機會，以謙虛有禮的態度，服務顧客。」

——松下幸之助

「如果你創造了一個很棒的體驗，客戶會口耳相傳。口碑的效應非常強大。」

——貝佐斯

禮貌與客氣的態度，是你投資在生意上最棒的資本。假如你或你的員工對顧客失禮的話，無論你的店面有多大，就算有鍍金的招牌或者火紅的廣告都無濟於事。事實是，一個人越是和善大方，顧客對他表現出的態度就會越慷慨。「有其因必有其果。」如果一個人可以用最低價格提供相對上質、量俱佳的商品（而且仍然可以替自己保留利潤），通常長遠來看最有可能成功。這也讓我們想到了這一則金律：「愛人者，人恆愛之。敬人者，人恆敬之。」

如果你總是表現出「想從對方身上得到最大利益」的態度，那對方也會變本加厲回敬給你。有些人跟客戶討價還價得很激烈，好像永遠也不期待對方會再次光顧——其實這也沒什麼錯，只是他再也看不到對方以客戶身分上門罷了。大家都不喜歡付完錢就被趕出店門。

我的博物館裡有一個接待員曾經告訴我，只要某一個人離開觀眾席，他就要拿鞭子抽那個人一頓。

「有什麼原因嗎？」我問他。

「因為那傢伙說我不是紳士。」接待員說。

「別放在心上，」我說：「他是付錢來看戲的，而且你也沒辦法用鞭子來說服他你是個紳士。失去一個顧客我承受不起。如果你抽打他，他就再也不會來這間博物館光顧了，而且他不來這裡，還會找更多朋友去其他家娛樂場所，所以你看看，到時候我就變成一個徹底的輸家了。」

「可是他侮辱我。」接待員喃喃說道。

「你說得很對，」我回道：「但如果這間博物館是他的，而你向他付錢買了一次進去參觀的特權——如果他是在這個情況下侮辱你，那你生氣還情有可原，但現在這個狀況，他是那個付錢的人，當我們收下他的錢，這時候，你就必須忍受他的無禮。」

我的接待員笑著說，這間公司的政策絕對非常中肯，但他補充說明，如果他為了提昇我的利益而將要遭到罷凌，那他大概也不會反對加薪。

# 18

# 善良不簡單

「我希望人們記住我是一個善良、正直的人。如果他們如此，那這就是成功。」

——提姆・庫克

「最終，你的誠信是你所擁有的一切。」

——傳奇CEO傑克・威爾許

做人應該要慈善寬厚，因為這既是責任也是樂事。但假如你的動機不夠強烈，要把這想成是一個策略問題——你會發現慷慨的人將博得贊助，而卑鄙、無情的守財奴則會讓人避之惟恐不及。

在《聖經》裡，所羅門說：「有施散的，卻更增添；有吝惜過度的，反致窮乏。」

當然，只有從心出發的，才是真正的慈善。

最好的善行，就是去幫助那些願意自救的人。在沒有向受助者確認需求的狀況下胡亂施捨，不管怎麼看都很糟糕。應該去尋找那些為了自己奮鬥的人，然後默默給予他們幫助，這種善行正是「有施散的，卻更增添」。別落入某些人的思想窠臼，去幫一個快餓死的人禱告，而不是給他馬鈴薯。給他祝福而不是麵包。要讓人歸依基督，讓他吃飽比餓著肚子更容易。

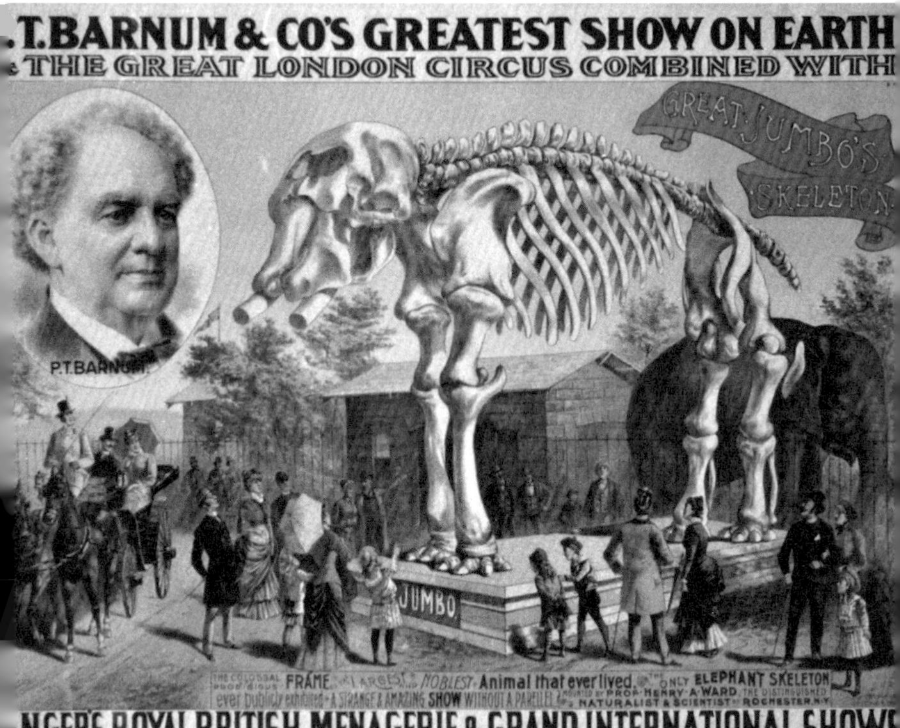

.T.BARNUM & CO'S GREATEST SHOW ON EARTH
THE GREAT LONDON CIRCUS COMBINED WITH
GREAT JUMBO'S SKELETON
P.T.BARNUM
JUMBO
THE COLOSSAL PRODIGIOUS FRAME LARGEST NOBLEST Animal that ever lived. ONLY ELEPHANT SKELETON
ever publicly exhibited A STRANGE & AMAZING SHOW WITHOUT A PARELLEL MOUNTED BY PROF. HENRY A. WARD, THE DISTINGUISHED NATURALIST & SCIENTIST ROCHESTER, N.Y.
NGER'S ROYAL BRITISH MENAGERIE & GRAND INTERNATIONAL SHOWS

# 19

# 商場上，沉默是金

「獨行的人走得最快。」

——諾貝爾經濟學獎得主傅利曼

「可以的話，要比別人聰明。但不要告訴別人這件事。」

——卡內基

有些人會有一種愚蠢嗜好，喜歡把自己的商業機密說出去。這種人如果有賺到錢，會很樂意告訴隔壁鄰居自己是怎麼賺到的。做這種事一無是處，而且更常會讓你損失不少。不要去談論你的利潤、期望、意圖還有前程規劃。這個概念也適用於書信或談話上。

歌德讓他筆下的經典惡魔角色——梅菲斯特（Mephistopheles）說：「絕對別寫下、也別摧毀任何一個字。」生意人必須寫信，但他們應當小心自己在上面所寫的東西。如果你賠了錢，也要特別謹慎，別說出去，否則你將會損害自己的聲譽。

# 20

# 保持真誠

「當信用消失的時候，肉體就沒有生命。」

——大仲馬

「不要當一個成功的人，寧願當一個有價值的人。」

——愛因斯坦

這個建議比鑽石或寶石更加珍貴。有個守財奴老頭對他的兒子們說：「賺錢。**如果可以**就老老實實賺錢，但要賺錢。」這個建議不但惡毒缺德，還極度愚蠢——這等於在說：「如果你發現老老實實拿到錢不容易，可是不老實的話卻可以輕鬆賺。那就照著辦。」

可憐的笨蛋！他根本就不知道人生中最困難的事情，就是賺錢不老實！他根本不知道在美國的監獄裡，到處都是嘗試遵循他這個建議的人。他搞不清楚沒有人可以不老實，就算這種缺德行為沒有馬上被拆穿，只要等到被揭發的那一天，他眼前所有通往成功的道路都會永遠**封閉**。

社會大眾對所有誠信可議的人都會非常禮貌地迴避。

無論一個人是多麼和善、親切與包容，如果我們懷疑他會「不小心算錯重量或數量」，那誰都不敢跟他打交道。謹守誠實，不只是人生一切成功的基礎（經濟上），在其他各方面也是如此。毫不妥協的正直品格十分寶貴。凡擁有這種特質的人，都會因此享有平靜與喜悅，沒有的話就無法實現——用金錢、房屋和土地都無法換得。

一個被公認「謹守誠實」的人，也許他很貧窮，但整個社群大眾的錢包都會供他自由使用——所有人都知道，只要他借東西答應會歸還，那他就絕不會讓人失望。這不過是自不自私的問題，所以，一個人如果沒有太多「謹守誠實」的動機，那我們將會發現，富蘭克林博士的這句名言絕對不會是假話：「誠實方為上策。」

變得有錢，並不總是等於成功。「這世上有太多有錢的混蛋。」有許多人既老實又誠懇，雖然他們所擁有過的錢還不夠有錢人揮霍一個星期，但當某些人違背比自身存在更重要的律法之時，那些老實人卻比任何人都更快樂而富有。

毫無疑問，對金錢的過度狂熱可能是——或說必然是「萬惡之源」。然而金錢本身，如果使用得當，就不僅僅是「家中某種便利的東西」，還能讓持有者促進我族的福祉，藉此擴展全人類的幸福感以及影響力。「渴望財富」幾乎是種普遍現象，沒人說這種行為不值得讚許，只要擁有者可以接受隨財富而來的**義務**，並發揮金錢的作用，讓它有如人類益友。

賺錢（商業）的歷史，即是人類文明史，在貿易發展最蓬勃的地方，藝術、科學同時也產出了最高貴的果實。事實上，賺錢者普遍被看作是國族的恩人。我們有學習、藝術的機構，我們有學校、大學與教堂，在很大程度上都必須感念他們。我並不是要反駁「渴望財富」或者「擁有財富」，換句話說，有些守財奴賺錢只是為了囤積而囤積，他們除了掌握住視線範圍裡的一切，再沒有更遠大的抱負。

我們有時會在信仰上看見偽君子，在政治上看見煽動者，所以在賺錢的人當中也難免會出現一些守財奴。不過這些人無論如何都只是常態下的例外。在這個國家，當我們發現這種惱人又礙人的守財奴，我們都要相當感激，請記住，在美國並沒有長子繼承法，而且在自然過程中，作為人類利益，他那些囤積塵土的消散時刻終究會到來。

請容我誠摯地告訴世上所有男女老少——誠實賺錢，僅有此道。莎士比亞說得恰如其分：「一個人若缺少了金錢、收入與**滿足**，就是少了三個好朋友。」

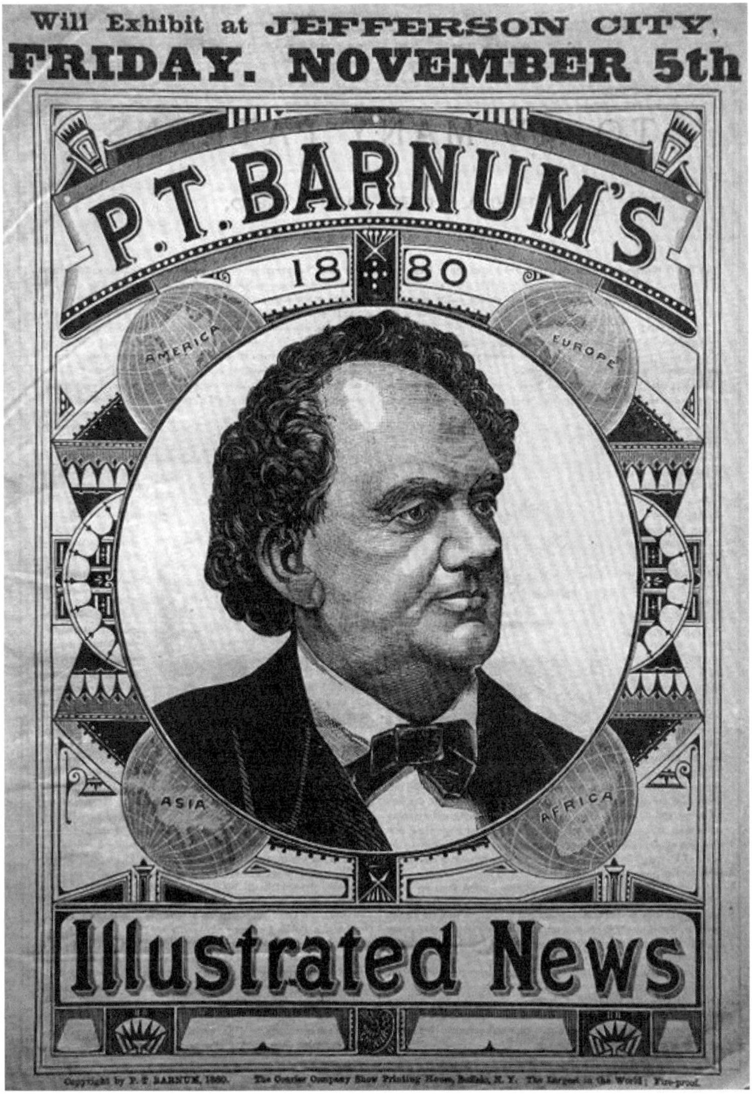
Will Exhibit at JEFFERSON CITY,
FRIDAY. NOVEMBER 5th
P.T. BARNUM'S
1880
AMERICA
EUROPE
ASIA
AFRICA
Illustrated News
Copyright by P. T. BARNUM, 1880. The Courier Company Show Printing House, Buffalo, N. Y. The Largest in the World; Fire-proof.

附錄

# 巴納姆的四個商業武器

## 一、掌握故事

巴納姆曾在一八六〇年的私人信件中寫道：「我相信要打廣告，要自己吹小號、敲鑼打鼓之類的才能引人關注。但我不相信花大錢打廣告，就可以讓一個造假的東西永遠成功。」這段話意思或許是：他相信要打廣告，而他更相信一個「好故事」。

對他而言，故事當然不一定要是真的，但一定要是吸引人的。他在自傳中表示，自己已經掌握方法，能將現實延伸得恰到好處。他曾經號稱要展出的藏品，包括機械跳蚤、懂知識的狗、活雕像等。有次他大打廣告，說自己耗費巨資進口尼加拉瓜大瀑布的模型，群眾蜂擁而至，卻發現這個模型只有五十公分高。但巴納姆心裡盤算的是，博物館裡的其他展品會彌補這種暫時性的失望，而輕微的批評本身則會帶來好奇。

他有個著名的手法叫「搬磚的人」。某一天，有個失業的人找巴納姆求職，巴納姆給他五塊磚頭，叫他煞有其事地把其中四塊分別放在博物館外的不同地方。然後每次從一塊磚頭走到另一塊時，都要用手上的那一塊磚頭交換地上的那塊。過程中，他都不能回答任何問題，也不能跟任何人說話，要裝得又聾又啞。重點在於，他每個小時都要煞有其事地走到售票口，作勢付錢，接著穿越博物館大門。可想而知，這種行為讓旁人十分困惑，於是觀望的人越來越多，也越來越多人跟著他一起排隊買票。後來因為交通堵塞，警察最後不得不叫巴納姆趕走那位聾啞人士。

巴納姆的一些策略在今日不見得合法，但說故事至今仍是成功的必要條件之一。成功的故事要有兩個要素，一個是轉折，可以激發好奇心；另一個是廣告，可以讓聽眾付諸行動。美國社會學家羅伯特・莫頓（Robert Merton）一九六八年提出「馬太效應」（Matthew Effect），描述一種名氣的加成現象——強者隨著時間會變得越強，弱者則會更弱。而早在一百年前，巴納姆就在廣告上發現類似道理。他為了搶下紐約市通勤者的注意，用盡手段建立自己的名氣，他說：「我找來四面八方的記者，寫了很多精彩的報導。在我覺得打夠廣告之前，我至少在這片六英畝的土地上耕作了六十次。」

巴納姆口中的「耕作」，實際上搭配了他精通的敘事手法，例如易懂、精美的插圖（他一八五三年創立了紐約第一家插圖報紙），以及令人印象深刻、方便登上報紙標題的藝名（他的表演者大多都有）。在內部，他僱用專業寫手、插畫家與公關人員，在外部，他親自面對紐約各大報的編輯。而且為了確保媒體傳播的「正確性」，巴納姆還做了當時的創舉：直接給記者新聞稿。他坦承：「我賺的幾乎每一塊錢，都是欠美國新聞界的……老實說，或許我這輩子的成功大部分原因就在於大眾媒體，而不是其他因素的總和。」

## 二、掌握風險

巴納姆選擇投入的各種事業，幾乎都沒有前例可依循。美國商學院的學者們想知道的是：面對未知風險，冒險家是如何創造大筆財富？

正如本書前述，「瑞典夜鶯」是巴納姆風險最高、報酬最多的投資。他對歌劇一無所知，也完全搞不清楚他的表演者與觀眾。其中最大膽的部分，在於他從沒聽過林德的演唱。他解釋：「我從沒聽過她唱歌……但她的名聲對我來說就夠了。我通常能下結論，而且通常我的直覺都是正確的。」

暢銷書作家葛拉威爾在《決斷兩秒間》（*Blink*）中介紹了「薄片擷取」（thin-slicing）的概念。心理學家們發現，有許多專業人士能在極短的時間內，透過某些跡象、印象或直覺，做出非常精準的決策，效果甚至優於一整個團隊進行龐大又耗時的系統化分析。巴納姆運用了他身為大娛樂家的嗅覺，在極短的時間內預見這筆投資會「取得巨大成功」。最後他證明自己沒有看錯。

做決策時，我們難免會對直覺產生懷疑。但風險不只代表失敗或損失，也同時代表了收益或革新。審慎判斷承受風險的地點與時機，如果「懷疑」是讓自己願意嘗試的唯一方法，也請別忽略。記住巴納姆的教導：即便當下無法解決風險，但它有助於找到下一個更好的決策。

## 三、掌握資訊差

關於資訊的重要性，HBO紀錄片《成為華倫・巴菲特》突顯了一個事實：巴菲特每天花五、六個小時閱讀，包括他每天訂閱的六種報紙，《華爾街日報》、《金融時報》、《紐約時報》、《今日美國》、《奧馬哈世界先驅報》和《美國銀行家》（*American Banker*）。微軟創辦人比爾・蓋茲每年都要閱讀五十本書，大部分是非小說類。知名投資人馬克・庫班（Mark Cuban）每天閱讀三個小時，他說「資訊差」能讓你取得優勢：「大多數人都不會花時間去取得知識優勢……直到今天，我覺得如果我投入夠多時間來消化這些資訊，我可以在任何科技產業上找到優勢，尤其現在網路如此方便。」

巴納姆顯然早就掌握了這些道理。例如，他不但強調資訊、閱讀的重要，並且靈活運用這些資源。事實上，詐騙展覽、馬戲團、博物館本身就是一種資訊差的生意。後來，他也將自己生活與生意的資訊公開，寫成《巴納姆的一生》、《世界大騙局一覽》（*The Humbugs of the World*）出版，在一次又一次的資訊差中獲利。

# 四、掌握人性

在現代商業世界，我們可以在巴納姆身上看見一個不變的道理：成功的程度與「掌握人性」的程度緊密相連。

著名的「巴納姆效應」指出，大部分人聽見籠統的、一般性的人格描述，都會認為是在描述自己。即使內容十分空洞（例如星座、占卜學與心理測驗），但多數人仍認為，這真實反映出自己的面貌。這個效應並不是巴納姆發現的。會以他為名，是因為後來的心理學家想紀念他的這段話：一流的表演要讓所有觀眾都能從中看見自己喜歡的部分。

人們偏愛被理解，如果接收了越多與自己相關的語言、資訊，就會越認為對方理解自己。這種感覺正是巴納姆的成功之鑰——讓他人相信自己被理解，最重要的，要相信自己能得到快樂、得到幫助。這同時也是偉大領導者、政治家成功的不二法門。

此外巴納姆提醒，了解人類的想法、感覺和行為還不夠，因為總是會有黑天鵝，讓你無法每一次都精準預測人性。他警告：「公眾是一種非常奇怪的動物，雖然透過對人性的理解，娛樂家們得以正確地打動人心，但人性非常善變，而且有時候難以捉摸。一些最有前途的企業，經常因為公共關係的小失誤而破產。」不過，他很確定人們普遍喜歡驚喜，所以往往都能適時兌現觀眾的期待。

# 附錄
# 年表

一八一〇

●一八一〇年，巴納姆出生於康涅狄格州伯特利的一個中產階級家庭。

一八二〇

●一八二九年，巴納姆的展品「暹羅雙胞胎張和英」抵達美國。

一八三〇

●一八三五年，巴納姆租用喬伊斯·赫斯這名女奴，帶著號稱是「一百六十一歲的華盛頓保母」的她四處展出。

一八四〇

● 一八四一年，巴納姆買下「美國博物館」，這棟建築原是紐約第一個非營利文化中心。

● 一八四二年，巴納姆在美國博物館展出「斐濟美人魚」，接著到全國展出。

● 一八四二年，巴納姆發掘史達通這個四歲的侏儒症患者，不久之後，把他變成「拇指將軍湯姆」。

● 一八四四年，第一條電報成功地從巴爾的摩發送到華盛頓。美國在十年內，鋪設了兩萬三千英里的電報線。

● 一八四四年，「拇指將軍湯姆」史達通到英國巡演，先在

一八五〇

公主劇院演出，並且謁見維多利亞女王和其他歐洲皇室成員。

● 一八四六年，美墨戰爭爆發。

● 一八四六年，愛爾蘭發生嚴重的馬鈴薯饑荒，迫使二〇〇多萬愛爾蘭人移民到美國。

● 一八四八年，美墨戰爭結束。美國吞併了後來成為德克薩斯、新墨西哥、加利福尼亞、猶他、內華達、亞利桑那以及科羅拉多和懷俄明部分地區的土地。

● 一八五〇年，巴納姆與轟動歐洲的「瑞典夜鶯」珍妮・林德簽約，進行到美國巡迴。

# 一八六〇

- 一八五五年，巴納姆推出了他的第一個「嬰兒秀」，這是一場為最「正宗美國血統」的嬰兒舉辦的比賽。許多人抱怨這種競爭貶低了女性作為母親的角色。
- 一八五九年，達爾文發表《物種起源》。
- 一八六〇年，巴納姆在「這是什麼？」（What is it?）展覽中展出一名黑人，說他是人類和動物之間「缺失的一環」。
- 一八六一年，美國南北戰爭爆發。
- 一八六二年，巴納姆在美國博物館展出兩隻身長超過五公尺的大白鯨，是史上第一次水族秀。

● 一八六二年，身高超過兩百四十公分的「女巨人」安娜・斯旺（Anna Swan）接受巴納姆的邀請來到紐約。

● 一八六三年，林肯總統發佈《解放宣言》，並試圖再度統一國家。

● 一八六三年，在兩千位賓客的見證下，史達通與沃倫舉辦了「童話婚禮」。

● 一八六五年五月，南方聯盟國總統傑佛遜・戴維斯男扮女裝逃跑，最後被抓到。巴納姆想拿到戴維斯穿的裙子，卻沒成功，於是製作了一個戴維斯穿女裝的蠟像。

● 一八六五年，林肯總統遇刺，奴隸制正式廢除。

● 一八六五年，美國博物館在紐約歷史上最慘重的火災中被毀，巴納姆很快就在百老匯另一處東山再起。

● 一八六六年，美國反虐待動物協會（ASPCA）指責巴納姆利用動物進行「殘忍不人道的娛樂」。

● 一八六八年，巴納姆的第二個博物館被燒毀。

## 一八七〇

● 一八七一年，巴納姆轉往馬戲團，他首創的「世界巡迴博覽會」概念開始成形。

● 一八七四年，巴納姆開辦了大羅馬競技場，這是一個大型馬戲團，接下來兩年他開始進行全國巡迴。

## 一八八〇

● 一八八一年，巴納姆併購「庫柏與貝利馬戲團」，成為世界三大馬戲團之始，演出他所謂「地球上最偉大的表演」。

一八九〇

●一八九一年，巴納姆去世，享年八十一歲。

THE BARNUM & BAILEY
GREATEST SHOW ON EARTH
THE WORLD-FAMOUS
SILBONS
THE MASTERLY MONARCHS OF THE AIR
IN A SERIES OF MOST DIFFICULT, INGENIOUS
AND STARTLING AERIAL FEATS.
THE WORLD'S LARGEST, GRANDEST, BEST
AMUSEMENT INSTITUTION.

一起來　思 26

# 財富之王【繁中唯一譯本】
## 大娛樂家 P.T. 巴納姆的人生增值術

作　　　者 P.T. 巴納姆
譯　　　者 威治
主　　　編 林子揚

總　編　輯 陳旭華 steve@bookrep.com.tw
社　　　長 郭重興
發行人兼出版總監 曾大福
出版單位 一起來出版／遠足文化事業股份有限公司
發　　　行 遠足文化事業股份有限公司 www.bookrep.com.tw
23141 新北市新店區民權路 108-2 號 9 樓
電話｜ 02-22181417　傳真｜ 02-86671851
法律顧問 華洋法律事務所　蘇文生律師

封面設計 倪旻鋒
內頁排版 新鑫電腦排版工作室
印　　　製 通南彩色印刷有限公司
初版一刷 2021 年 7 月
定　　　價 350 元
I S B N 9789869911566（平裝）
9789860623079（EPUB）
9789860623086（PDF）



國家圖書館出版品預行編目 (CIP) 資料

財富之王：大娛樂家 P.T. 巴納姆的人生增值術 / P.T. 巴納姆 著 ; 威治譯 . -- 初版 . -- 新北市 : 一起來出版 , 遠足文化事業股份有限公司 , 2021.07
面；　公分 . --（一起來思 ; 26）
譯自 : The Art of Money Getting, or Golden Rules for Making Money.
ISBN 978-986-99115-6-6 ( 平裝 )

1. 成功法　2. 財富

177.2　　110000929

**衛宮切嗣**
艾因茲柏恩家所雇用的「魔術師殺手」

**言峰綺禮**
獵殺異端的聖堂教會代行者

**間桐雁夜**
放棄家主繼承權而逃離間桐家的男人

**愛莉斯菲爾・馮・艾因茲柏恩**
艾因茲柏恩家煉製的人造人，切嗣的髮妻

**伊莉雅斯菲爾・馮・艾因茲柏恩**
切嗣和愛莉斯菲爾的女兒

**韋伯・費爾維特（Waver Velvet）**
隸屬於「時鐘塔」的見習魔術師，奪取導師的聖遺物挑戰聖杯戰爭

**Saber**
騎士王。真實身分是亞瑟・潘德拉剛（Arthur Pendragon）

**Archer**
英雄王。人類史上最古老的英靈・基爾加梅修（Gilgamesh）在現實世界降臨的形體

**Rider**
征服王。在古代世界獨霸一方，古馬其頓王國的
伊斯坎達爾王（Iskandar），期望能目睹「世界盡頭之海」（Okeanos）

**Berserker**
「狂暴化」的神祕英靈。

# Fate/Zero 6
## 煉獄之炎

In the battleground, there is no place for hope. What lies there is just cold despair
and a sin called victory, built on the pain of the defeated.
The world as is, the human nature as always, it is impossible to eliminate the battles. In the end,
killing is necessary evil–and if so, it is best to end them in the best efficiency and at the least cost,
least time. Call it not foul nor nasty. Justice cannot save the world. It is useless.